中国农业标准经典收藏系列

最新中国农业行业标准

第十一辑

畜牧兽医分册

农业标准编辑部　编

中 国 农 业 出 版 社

出 版 说 明

近年来，农业标准编辑部陆续出版了《中国农业标准经典收藏系列·最新中国农业行业标准》，将 2004—2013 年由我社出版的 3 100 多项标准汇编成册，共出版了 10 辑，得到了广大读者的一致好评。无论从阅读方式还是从参考使用上，都给读者带来了很大方便。为了加大农业标准的宣贯力度，扩大标准汇编本的影响，满足和方便读者的需要，我们在总结以往出版经验的基础上策划了《最新中国农业行业标准·第十一辑》。

本书收录了食品中农药最大残留限量、病虫害测报、抗病性鉴定、农药田间药效试验准则和天敌昆虫饲养等方面的国家标准和农业行业标准 18 项。并在书后附有 2014 年发布的 7 个标准公告供参考。

本书收录了饲料中黄曲霉毒素以及一些物质的测定、标准化养殖场、牛乳和肉牛的测定、草种质资源方面的农业行业标准 23 项。

特别声明：

1. 汇编本着尊重原著的原则，除明显差错外，对标准中所涉及的有关量、符号、单位和编写体例均未做统一改动。

2. 从印制工艺的角度考虑，原标准中的彩色部分在此只给出黑白图片。

3. 本辑所收录的个别标准，由于专业交叉特性，故同时归于不同分册当中。

本书可供农业生产人员、标准管理干部和科研人员使用，也可供有关农业院校师生参考。

农业标准编辑部

2015 年 11 月

出版说明

目　　录

目 录

ICS 65.120
B 25

NY

中华人民共和国农业行业标准

NY/T 120—2014
代替 NY/T 120—1989

饲料用木薯干

Dried cassava slice for feedstuffs

2014-03-24 发布 2014-06-01 实施

中华人民共和国农业部 发布

前　言

本标准按照 GB/T 1.1—2009 给出的规则起草。

本标准代替 NY/T 120—1989《饲料用木薯干》，与 NY/T 120—1989 相比，除编辑性修改外，主要技术变化如下：

——将原标准中感官性状、水分、质量指标和卫生标准四章合并为一章；

——质量指标增加了淀粉指标；

——增加试验方法的具体内容；

——增加了饲料用木薯干质量的检验规则以及包装、标签、运输、贮存等技术要求。

本标准由农业部农垦局提出。

本标准由农业部热带作物及制品标准化技术委员会归口。

本标准起草单位：中国热带农业科学院热带作物品种资源研究所。

本标准主要起草人：周汉林、王东劲、李琼、张如莲、侯冠彧、王定发、夏万良。

本标准的历次版本发布情况为：

——NY/T 120—1989。

饲料用木薯干

1 范围

本标准规定了饲料用木薯干的要求、试验方法、检验规则、包装、标签、运输和贮存。

本标准适用于以鲜木薯为原料生产的饲料用木薯干。

2 规范性引用文件

下列文件对于本文件的应用是必不可少的。凡是注日期的引用文件,仅注日期的版本适用于本文件。凡是不注日期的引用文件,其最新版本(包括所有的修改单)适用于本文件。

GB/T 5494 粮油检验 粮食、油料的杂质、不完善粒检验

GB/T 6434 饲料粗纤维测定方法 过滤法

GB/T 6435 饲料中水分和其他挥发性物质含量的测定

GB/T 6438 饲料中粗灰分的测定方法

GB 10648 饲料标签

GB 13078 饲料卫生标准

GB/T 14698 饲料显微镜检查方法

GB/T 14699.1 饲料采样

GB/T 18823 饲料检测结果允许误差

GB/T 20194 饲料中淀粉含量的测定 旋光法

国家质量监督检验检疫总局令第75号 定量包装商品计量监督管理办法

3 要求

3.1 感官

外观形态均匀,色泽一致,无霉变、无结块、无异味。

3.2 理化指标

应符合表1的要求。

表1 饲料用木薯干理化指标

单位为克每百克

项目	指标
水分	≤13.0
粗纤维	<4.0
粗灰分	<5.0
淀粉	≥65.0
杂质	≤2.0

3.3 卫生指标

应符合 GB 13078 的规定。

4 试验方法

4.1 感官检验

按 GB/T 14698 的规定执行。

4.2 水分的测定

按 GB/T 6435 的规定执行。

4.3 粗纤维的测定

按 GB/T 6434 的规定执行。

4.4 粗灰分的测定

按 GB/T 6438 的规定执行。

4.5 淀粉的测定

按 GB/T 20194 的规定执行。

4.6 杂质的测定

按 GB/T 5494 的规定执行。

5 检验规则

5.1 组批

同一品种、同一工艺、同一天生产的为同一批次。

5.2 采样

按 GB/T 14699.1 的规定执行。

5.3 检验类别

5.3.1 出厂检验

感官指标、水分、粗纤维、灰分、淀粉含量为出厂检验项目。

5.3.2 型式检验

本文件第 3 章规定的所有指标为型式检验项目，正常生产条件下，每半年进行一次型式检验。有下述情况之一者，应进行型式检验：

a） 主要生产设备、工艺或原材料发生了较大变化时；

b） 停产半年以上，重新开始生产时；

c） 出厂检验结果与上次型式检验结果有较大差异时；

d） 国家产品监督机构提出要求时。

5.4 判定规则

检验结果全部符合本标准要求的判为合格。若有一项指标不符合标准要求，应重新自双倍的抽样单元进行采样复检，复检结果中仍有一项指标不合格则判定该批产品不合格。卫生指标不得复检。检验结果判定应符合 GB/T 18823 的规定。

6 包装、标签、运输和贮存

6.1 包装

采用塑料编织袋包装，包装形式和规格根据客户和市场需求定。包装净含量按国家质量监督检验检疫总局令第 75 号执行。

6.2 标签

包装上应有牢固、清晰的标志，内容符合 GB 10648 的规定。

6.3 运输

在运输过程中应有防晒、防雨措施，不得与有毒、有害或其他有污染的物品混装、混运。

6.4 贮存

应于阴凉、干燥、通风处贮存，不得与有毒、有害或其他有污染的物品同库存放。在此贮存条件下，保质期 240 d。

ICS 65.120
B 25

NY

中华人民共和国农业行业标准

NY/T 2548—2014

饲料中黄曲霉毒素B_1的测定　时间分辨荧光免疫层析法

Determination of aflatoxin B_1 in feed—Time-resolved fluorescent immunochromatographic method

2014-03-24 发布　　2014-06-01 实施

中华人民共和国农业部　发布

前　　言

本标准按照 GB/T 1.1—2009 给出的规则起草。

本标准由中华人民共和国农业部提出并归口。

本标准起草单位：中国农业科学院油料作物研究所、农业部油料及制品质量监督检验测试中心。

本标准主要起草人：李培武、丁小霞、唐晓倩、张奇、张文、王督、姜俊、周海燕、张兆威。

饲料中黄曲霉毒素B_1的测定　时间分辨荧光免疫层析法

1　范围

本标准规定了时间分辨荧光免疫层析法测定饲料中黄曲霉毒素 B_1 的方法。

本标准适用于饲料和饲料原料中黄曲霉毒素 B_1的测定。

本标准黄曲霉毒素 B_1检出限为 0.30 μg/kg。

2　规范性引用文件

下列文件对于本文件的应用是必不可少的。凡是注日期的引用文件，仅注日期的版本适用于本文件。凡是不注日期的引用文件，其最新版本(包括所有的修改单)适用于本文件。

GB/T 6682　分析实验室用水规格和试验方法

3　原理

试样中黄曲霉毒素 B_1与铕乳胶标记的特异性抗体发生结合后，抑制了层析过程中抗体与硝酸纤维素膜检测线上黄曲霉毒素 B_1-BSA 偶联物的免疫反应，使检测线时间分辨荧光强度降低，通过检测时间分辨荧光强度变化进行定量测定。

4　试剂

除非另有规定，仅使用分析纯试剂。

4.1　水，按照 GB/T 6682 中的要求，二级。

4.2　甲醇(CH_3OH)。

4.3　蔗糖($C_{12}H_{22}O_{11}$)。

4.4　牛血清白蛋白(BSA)，纯度大于 98%。

4.5　吐温-20($C_{58}H_{114}O_{26}$)。

4.6　70%甲醇溶液：取 70 mL 甲醇(4.2)，加 30 mL 水(4.1)，混匀。

4.7　样品稀释液：取 1.0 g 蔗糖(4.3)、0.5 g 牛血清白蛋白(4.4)和 2.5 g 吐温-20(4.5)，溶解于 100.0 mL水(4.1)中。

4.8　铕标记黄曲霉毒素 B_1抗体溶液：黄曲霉毒素 B_1抗体纯度 80%以上，亲和力常数不低于 1.00×10^8 L/mol。黄曲霉毒素 B_1抗体与黄曲霉毒素 B_2、黄曲霉素 G_1、黄曲霉素 G_2交叉反应率小于 10%。

4.9　1 000 ng/mL 黄曲霉毒素 B_1标准溶液。

4.10　100 ng/mL 黄曲霉毒素 B_1 标准储备液：准确吸取黄曲霉毒素标准溶液(4.9)1 mL 于 10 mL 容量瓶中，甲醇定容。4℃可保存 3 个月。

警告：

由于黄曲霉毒素毒性很强，试验人员应注意自我保护。操作时，应避免吸入、接触黄曲霉毒素标准溶液。标准溶液配置应在通风橱内进行，工作时应戴眼镜、穿工作服、戴医用乳胶手套。凡接触黄曲霉毒素的容器，需浸入 10 %次氯酸钠溶液 12h 以上。同时，为了降低接触黄曲霉毒素的机会，本标准鼓励直接购买并使用黄曲霉毒素的有证标准储备液。

5　仪器设备与材料

5.1　时间分辨荧光检测仪：能在激发波长为(365±5) nm，检测波长为(615±5) nm 条件下测定。

5.2　黄曲霉毒素时间分辨荧光免疫层析装置(图 1):固定有黄曲霉毒素—BSA 偶联物,检测灵敏度不低于 0.1 μg/kg,用于样品中黄曲霉毒素与铕标记抗体预反应后再与黄曲霉毒素—BSA 偶联物反应的载体。

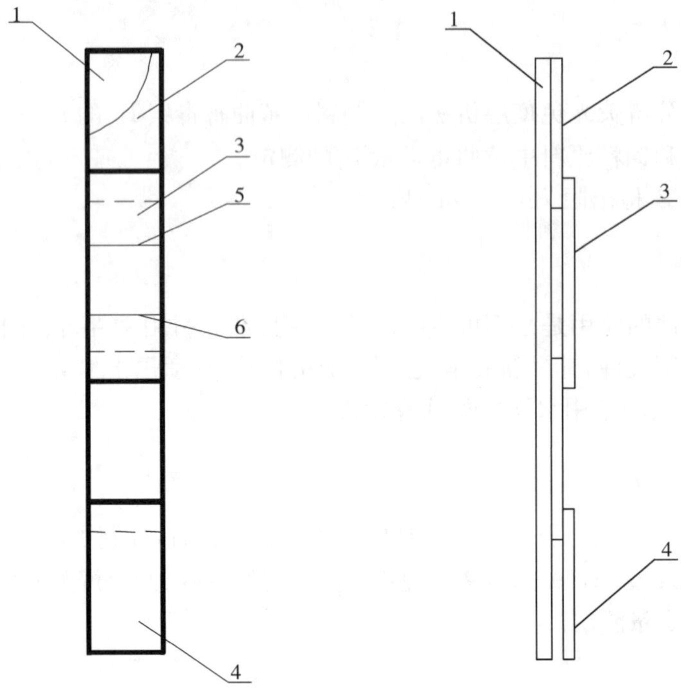

(a)正视图　　(b)侧视图

说明:

1——底板;
2——吸水垫;
3——硝酸纤维素膜;
4——样品垫;
5——质控线;
6——检测线。

图 1　黄曲霉毒素免疫层析装置示意图

5.2.1　黄曲霉毒素—BSA 偶联率为(1∶5)～(1∶20)(BSA∶AFB_1)。

5.2.2　样品垫:玻璃纤维、聚酯纤维或纸质薄片。

5.2.3　硝酸纤维素膜:4 cm 毛细时间不小于 135 s。

5.2.4　吸水纸。

5.2.5　底板。

5.2.6　连接胶带。

5.3　均质机,转速大于等于 20 000 r/min。

5.4　分析天平:感量 0.1 g。

5.5　分样筛,20 目。

5.6　恒温装置:温控范围为(37.0±2.0)℃。

5.7　漩涡混合器。

5.8　微量移液器:1 μL～10 μL,10 μL～100 μL,100 μL～1 000 μL。

5.9　中速定性滤纸。

5.10　净化柱:3 mL 硅胶 SPE 柱。

5.11　铕乳胶:荧光寿命≥600 μs。

6 分析步骤

6.1 试样制备：样品粉碎至全部通过分样筛(5.5)，充分混合。

6.2 准确称取 25.0 g 试样于烧杯中，加入 100 mL 甲醇溶液(4.6)，用均质机(5.3)在 20 000 r/min 条件下提取 2 min 后，静置 1 min，中速定性滤纸(5.9)过滤，收集滤液。

6.3 取 2.0 mL 滤液过净化柱(5.10)，收集净化液。用样品稀释液(4.7)将净化液稀释至黄曲霉毒素时间分辨荧光免疫层析装置(5.2)检测范围内，漩涡混合器(5.7)混匀，备用。

6.4 取 150 μL 铕标记黄曲霉毒素 B_1 抗体溶液于 1.5 mL 样品瓶中，备用。

6.5 取稀释后的净化液(6.3)200 μL，垂直滴加于样品瓶内(6.4)，漩涡混合。取出黄曲霉毒素免疫层析检测装置(5.2)，按箭头方向插入加样后的样品瓶中，于恒温装置(5.6)中反应 8 min，取出黄曲霉毒素免疫层析检测装置(5.2)，在激发波长 365 nm，检测波长 615 nm 条件下上机(5.1)检测。

6.6 标准曲线。

6.6.1 空白基质溶液制备：取阴性样品，按 6.1 制备空白基质溶液，备用。

6.6.2 分别准确吸取黄曲霉毒素标准 B_1 标准储备液(4.10)0.000 mL、0.001 mL、0.005 mL、0.010 mL、0.020 mL、0.050 mL、0.100 mL、0.150 mL 于 10 mL 容量瓶中，用空白基质溶液(6.6.1)定容，分别相当于 0.00 ng/mL、0.05 ng/mL、0.10 ng/mL、0.20 ng/mL、0.50 ng/mL、1.00 ng/mL、1.50 ng/mL 浓度标准工作溶液。由低浓度到高浓度进行检测(6.5)，根据检测线 T 信号值与质控线 C 信号值的比值(T/C)和标准工作溶液浓度的自然对数值($\ln c$)建立标准曲线。

7 结果计算

试样中黄曲霉毒素 B_1 含量以质量分数 X 计，数值以微克每千克(μg/kg)表示，按式(1)计算。

$$X = \frac{\rho \times V \times n}{m} \quad \cdots\cdots (1)$$

式中：

ρ——从标准曲线上查得的测定液中黄曲霉毒素 B_1 含量的数值，单位为纳克每毫升(ng/mL)；

V——样品测定液体积的数值，单位为毫升(mL)；

n——试样稀释倍数的数值；

m——试样质量的数值，单位为克(g)。

计算结果保留至小数点后两位。

8 精密度

8.1 重复性

在重复性条件下，黄曲霉毒素含量不大于 10.0 μg/kg 时，两次独立测定结果的绝对差值不得超过算术平均值的 20%；黄曲霉毒素含量大于 10.0 μg/kg 时，两次独立测定结果的绝对差值不得超过算术平均值的 15%。

8.2 再现性

在再现性条件下，黄曲霉毒素含量不大于 10.0 μg/kg 时，两次独立测定结果的绝对差值不得超过算术平均值的 30%；黄曲霉毒素含量大于 10.0 μg/kg 时，两次独立测定结果的绝对差值不得超过算术平均值的 20%。

ICS 65.120
B 25

NY

中华人民共和国农业行业标准

NY/T 2549—2014

饲料中黄曲霉毒素B_1的测定 免疫亲和荧光光度法

Determination of aflatoxin B_1 in feed—Immunoaffinity fluorescencemethod

2014-03-24 发布　　　　2014-06-01 实施

中华人民共和国农业部　发布

前　言

本标准按照 GB/T 1.1—2009 给出的规则起草。

本标准由中华人民共和国农业部提出并归口。

本标准起草单位：中国农业科学院油料作物研究所、农业部油料及制品质量监督检验测试中心。

本标准主要起草人：李培武、张文、胡小风、丁小霞、张奇、周海燕、陈小媚、唐晓倩、张兆威、王督。

饲料中黄曲霉毒素 B_1 的测定 免疫亲和荧光光度法

1 范围

本标准规定了免疫亲和荧光光度法测定饲料中黄曲霉毒素 B_1 的方法。

本标准适用于饲料及饲料原料中黄曲霉毒素 B_1 的测定。

本标准黄曲霉毒素 B_1 检出限为 0.3 μg/kg。

2 规范性引用文件

下列文件对于本文件的应用是必不可少的。凡是注日期的引用文件，仅注日期的版本适用于本文件。凡是不注日期的引用文件，其最新版本(包括所有的修改单)适用于本文件。

GB/T 6682 分析实验室用水规格和试验方法

3 原理

试样中黄曲霉毒素 B_1 与免疫亲和柱中固定相上抗体发生特异性结合，其他与抗体不发生免疫亲和反应的成分随流动相流出，利用甲醇使固定相上抗体变性，将固定相上抗体结合的黄曲霉毒素 B_1 洗脱，荧光定量检测。

4 试剂

除非另有规定，仅使用分析纯试剂。

4.1 水，按照 GB/T 6682 中的要求，二级。

4.2 氯化汞($HgCl_2$)。

4.3 硫酸奎宁($C_{20}H_{26}N_2O_6S$)。

4.4 甲醇(CH_3OH)。

4.5 浓硫酸(H_2SO_4)。

4.6 70%甲醇溶液：取 70 mL 甲醇(4.4)，加 30 mL 水(4.1)，混匀。

4.7 黄曲霉毒素 B_1 荧光增强剂：准确称取 2.72 g 氯化汞(4.2)，溶于水中，定容至 1.0 L。

4.8 1 000 ng/mL 黄曲霉毒素 B_1 标准溶液。

4.9 100 ng/mL 黄曲霉毒素 B_1 标准储备液：准确吸取黄曲霉毒素标准溶液(4.8)1 mL 于 10 mL 容量瓶中，加甲醇定容。4℃可保存 3 个月。

警告：

由于黄曲霉毒素毒性很强，试验人员应注意自我保护。操作时，应避免吸入、接触黄曲霉毒素标准溶液。标准溶液配置应在通风橱内进行，工作时应戴眼镜、穿工作服、戴医用乳胶手套。凡接触黄曲霉毒素的容器，需浸入 10%次氯酸钠溶液 12 h 以上。同时，为了降低接触黄曲霉毒素的机会，本标准鼓励直接购买并使用黄曲霉毒素的有证标准储备液。

4.10 黄曲霉毒素 B_1 标准工作液：分别准确吸取黄曲霉毒素 B_1 标准储备液(4.9)0.00 mL、0.01 mL、0.05 mL、0.25 mL、0.50 mL、1.00 mL、3.00 mL 于 10 mL 容量瓶中，甲醇定容，分别相当于 0.0 ng/mL、0.1 ng/mL、0.5 ng/mL、2.5 ng/mL、5.0 ng/mL、10.0 ng/mL、30.0 ng/mL 浓度标准工作溶液。

4.11 黄曲霉毒素 B_1 免疫亲和微柱：柱容量≥30 ng，AFB_1 免疫亲和柱与其他种类黄曲霉毒素的交叉反应率均≤10%。

5 仪器设备

5.1 黄曲霉毒素荧光速测仪或荧光光度计：能在激发波长为(360±5) nm，检测波长为(440±5) nm 条件下测定。

5.2 分析天平：感量 0.1 g。

5.3 均质机：转速大于等于 20 000 r/min。

5.4 漩涡混合器。

5.5 恒温装置：(37.0±2.0)℃。

5.6 微量移液器：10 μL～100 μL，100 μL～1 000 μL。

5.7 中速定性滤纸。

5.8 玻璃纤维滤纸。

5.9 泵流操作架或固相萃取装置。

5.10 分样筛：20 目。

6 分析步骤

6.1 试样制备

样品粉碎至全部通过分样筛(5.10)，充分混合。

6.2 提取

准确称取 25.0 g 试样于烧杯中，加入 100.0 mL 甲醇溶液(4.6)，用均质机(5.3)20 000 r/min 提取 2 min 后，静置 1 min，中速定性滤纸(5.7)过滤。取 10 mL 滤液，用 20 mL 水稀释，漩涡混合器(5.4)混匀，经玻璃纤维滤纸(5.8)过滤，备用。

6.3 纯化

将黄曲霉毒素 B_1 免疫亲和微柱(4.11)与泵流操作架或固相萃取装置(5.9)连接，加入 10.0 mL 纯水平衡微柱，当微柱中仅余少量液体时，加入 10.0 mL 稀释后的提取液(6.2)，流速为 1.5 mL/min 通过微柱；取 10.0 mL 水分两次淋洗，微柱中液体被抽干时，停止抽滤，弃去全部流出液。加 1.0 mL 甲醇(4.4)于微柱中，流速为 1 mL/min，抽滤至微柱中液体全部流出，收集全部洗脱液于比色杯(光径为 1 cm)，加入 1.0 mL 纯水，混匀待测。

6.4 标准曲线

将配制好的黄曲霉毒素 B_1 的标准工作液(4.10)，在黄曲霉毒素荧光速测仪或荧光光度计(5.1)上，激发波长 360 nm、检测波长 440 nm 条件下测量本底荧光值，再加入 0.2 mL 的荧光增强剂(4.7)，再次测量荧光值。将增强后的荧光值与本底荧光值的差值与黄曲霉毒素 B_1 标准溶液浓度建立标准曲线。

6.5 黄曲霉毒素含量测定

采用黄曲霉毒素荧光速测仪或荧光光度计(5.1)在激发波长 360 nm、检测波长 440 nm 条件下测定待测液的荧光值，然后向比色杯中加入黄曲霉毒素 B_1 荧光增强剂(4.7)0.2 mL 混匀后，再次测定其荧光值，将增强后的荧光值与本底荧光值代入标准曲线，计算得到测定液中黄曲霉毒素 B_1 含量。如样品中黄曲霉毒素 B_1 含量超过标准曲线范围，则需稀释后再次测量。

7 结果计算与表示

试样中黄曲霉毒素 B_1 含量以质量分数 X 计，数值以微克每千克(μg/kg)表示，按式(1)计算。

$$X=\frac{\rho\times V\times n}{m} \quad \cdots\cdots (1)$$

式中：

ρ——从标准曲线上查得的测定液中黄曲霉毒素 B_1 含量的数值，单位为纳克每毫升(ng/mL)；
V——样品测定液体积的数值，单位为毫升(mL)；
n——试样稀释倍数的数值；
m——试样质量的数值，单位为克(g)。

计算结果保留到小数点后一位。

8 精密度

8.1 重复性

在重复性条件下，黄曲霉毒素 B_1 含量不大于 10.0 μg/kg 时，两次独立测定结果的绝对差值不得超过算术平均值的 20%；黄曲霉毒素 B_1 含量大于 10.0 μg/kg 时，两次独立测定结果的绝对差值不得超过算术平均值的 15%。

8.2 再现性

在再现性条件下，黄曲霉毒素 B_1 含量不大于 10.0 μg/kg 时，两次独立测定结果的绝对差值不得超过算术平均值的 30%；黄曲霉毒素 B_1 含量大于 10.0 μg/kg 时，两次独立测定结果的绝对差值不得超过算术平均值的 20%。

ICS 65.120
B 25

NY

中华人民共和国农业行业标准

NY/T 2550—2014

饲料中黄曲霉毒素B_1的测定　胶体金法

Determination of aflatoxin B_1 in feed—Colloid gold method

2014-03-24 发布　　2014-06-01 实施

中华人民共和国农业部　发布

前　言

本标准按照 GB/T 1.1—2009 给出的规则起草。

本标准由中华人民共和国农业部提出并归口。

本标准起草单位：中国农业科学院油料作物研究所、农业部油料及制品质量监督检验测试中心。

本标准主要起草人：李培武、姜俊、张奇、丁小霞、张文、张兆威、王督、唐晓倩。

饲料中黄曲霉毒素 B_1 的测定　胶体金法

1　范围

本标准规定了胶体金法测定饲料中黄曲霉毒素 B_1 的方法。

本标准适用于饲料和饲料原料中黄曲霉毒素 B_1 测定。

本标准黄曲霉毒素 B_1 检出限为 1.0 μg/kg。

2　规范性引用文件

下列文件对于本文件的应用是必不可少的。凡是注日期的引用文件，仅注日期的版本适用于本文件。凡是不注日期的引用文件，其最新版本(包括所有的修改单)适用于本文件。

GB/T 6682　分析实验室用水规格和试验方法

3　原理

试样中黄曲霉毒素 B_1 在层析过程中与胶体金标记的特异性抗体结合，抑制了抗体和硝酸纤维素膜检测线上黄曲霉毒素 B_1 - BSA 偶联物的免疫反应，使检测线颜色变浅，通过检测颜色变化进行测定。

4　试剂

除非另有规定，仅使用分析纯试剂。

4.1　水，按照 GB/T 6682 中的要求，二级。

4.2　蔗糖($C_{12}H_{22}O_{11}$)。

4.3　牛血清白蛋白(BSA)，纯度大于 98%。

4.4　吐温- 20($C_{58}H_{114}O_{26}$)。

4.5　甲醇(CH_3OH)。

4.6　70%甲醇溶液：取 70.0 mL 甲醇(4.5)，加水(4.1)30.0 mL，混匀。

4.7　样品稀释液：取 1.0 g 蔗糖(4.2)、0.5 g 牛血清白蛋白(4.3)和 2.5 g 吐温- 20(4.4)溶解于 100.0 mL水(4.1)中。

4.8　1 000 ng/mL 黄曲霉毒素 B_1 标准溶液。

4.9　100 ng/mL 黄曲霉毒素 B_1 标准储备液：准确吸取黄曲霉毒素 B_1 标准溶液(4.8)1.0 mL 于 10 mL 容量瓶中，甲醇定容。4℃可保存 3 个月。

警告：

由于黄曲霉毒素毒性很强，试验人员应注意自我保护。操作时，应避免吸入、接触黄曲霉毒素标准溶液。标准溶液配置应在通风橱内进行，工作时应戴眼镜、穿工作服、戴医用乳胶手套。凡接触黄曲霉毒素的容器，需浸入 10 %次氯酸钠溶液 12 h 以上。同时，为了降低接触黄曲霉毒素的机会，本标准鼓励直接购买并使用黄曲霉毒素的有证标准储备液。

5　仪器设备

5.1　光谱成像检测仪或胶体金免疫层析检测仪：图像分辨率优于 2 048×1 532 dpi。

5.2　分析天平：感量 0.1 g。

5.3　分样筛：20 目。

5.4　均质机，转速大于等于 20 000 r/min。

5.5　漩涡混合器。

5.6　恒温装置：(37.0±2.0)℃。

5.7　微量移液器：1 μL～10 μL，10 μL～100 μL，100 μL～1 000 μL。

5.8　黄曲霉毒素 B_1 胶体金免疫层析装置(图 1)：固定黄曲霉毒素 B_1 - BSA 偶联物，检测灵敏度不低于 0.3 μg/kg，用于样品中黄曲霉毒素及黄曲霉毒素 B_1 - BSA 偶联物与胶体金标记抗体反应的载体。

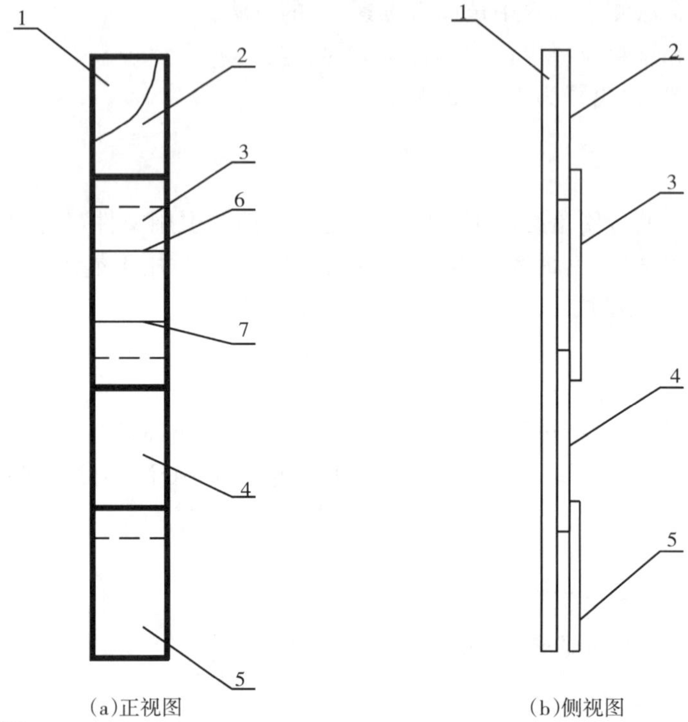

说明：

1——纸板；

2——吸水垫；

3——检测垫；

4——金标垫；

5——样品垫；

6——质控线；

7——检测线。

图 1　黄曲霉毒素 B_1 胶体金免疫层析装置

5.8.1　黄曲霉毒素 B_1 - BSA 偶联率为(1∶5)～(1∶20)(BSA∶AFB_1)。

5.8.2　样品垫：玻璃纤维、聚酯纤维或纸质薄片。

5.8.3　硝酸纤维素膜：4 cm 毛细时间不小于 135 s。

5.8.4　金标垫：附着有 5 μL 胶体金标记的黄曲霉毒素 B_1 抗体。

5.8.5　吸水纸。

5.8.6　底板。

5.8.7　连接胶带。

5.9　中速定性滤纸。

5.10　净化柱：3 mL 硅胶 SPE 柱。

6　分析步骤

6.1　试样制备

样品粉碎至全部通过分样筛(5.3)，充分混合。

6.2 前处理和空白基质溶液制备

6.2.1 前处理

准确称取 25.0 g 试样置于烧杯中，准确加入 100 mL 甲醇溶液(4.6)，用均质机(5.4)在 20 000 r/min 条件下提取 2 min，静置 1 min，中速定性滤纸(5.9)过滤，收集滤液，取 2.0 mL 滤液过净化柱(5.10)，收集净化液。用稀释液(4.7)稀释净化液至黄曲霉毒素 B_1 胶体金免疫层析装置(5.8)检测范围内，漩涡混合器(5.5)混匀，备用。

6.2.2 空白基质溶液制备：取阴性样品，按 6.2.1 制备空白基质溶液，备用。

6.3 取 100 μL 稀释后的净化液(6.2.1)加入于黄曲霉毒素 B_1 胶体金免疫层析装置(5.8)内，恒温装置(5.6)中反应 10 min。

6.4 上机(5.1)检测。

6.5 标准曲线

分别准确吸取黄曲霉毒素 B_1 标准储备液(4.9)0.000 mL、0.001 mL、0.005 mL、0.010 mL、0.020 mL、0.050 mL、0.100 mL、0.150 mL 于 10 mL 容量瓶中，用空白基质溶液(6.1.2)定容，分别相当于 0.00 ng/mL、0.01 ng/mL、0.05 ng/mL、0.10 ng/mL、0.20 ng/mL、0.50 ng/mL、1.00 ng/mL、1.50 ng/mL 浓度标准工作溶液。由低到高浓度进行(6.3、6.4)检测，根据检测线 T 信号值与质控线 C 信号值的比值(T/C)和标准工作溶液浓度的对数值($\log c$)建立黄曲霉毒素 B_1 标准曲线。

7 结果计算

7.1 胶体金免疫层析装置有效确认

黄曲霉毒素 B_1 胶体金免疫层析装置质控线出现红色条带，视为胶体金免疫层析装置有效，可用目测法或光谱成像检测仪或胶体金免疫层析检测仪(5.1)测定结果；如果胶体金免疫层析装置质控线不出现红色条带、弥散或严重不均匀，视为胶体金免疫层析装置失效，需重新检测。

7.2 目测法

黄曲霉毒素 B_1 胶体金免疫层析装置中检测线出现红色条带，表示样品中黄曲霉毒素 B_1 含量小于其限量值，判定为阴性；黄曲霉毒素胶体金免疫层析装置中检测线未出现红色条带，表示样品中黄曲霉毒素 B_1 含量大于其限量值，判定为阳性。

7.3 仪器法结果计算与表示

试样中黄曲霉毒素 B_1 含量以质量分数 X 计，数值以微克每千克(μg/kg)表示，按式(1)计算。

$$X=\frac{\rho\times V\times n}{m} \qquad (1)$$

式中：

ρ——从标准曲线上查得的测定液中黄曲霉毒素 B_1 含量的数值，单位为纳克每毫升(ng/mL)；

V——样品测定液体积的数值，单位为毫升(mL)；

n——试样稀释倍数的数值；

m——试样质量的数值，单位为克(g)。

计算结果保留到小数点后一位。

8 精密度

8.1 重复性

采用仪器法测定，在重复性条件下，黄曲霉毒素 B_1 含量不大于 10.0 μg/kg 时，两次独立测定结果的相对相差不得超过 20%；黄曲霉毒素 B_1 含量大于 10.0 μg/kg 时，两次独立测定结果的相对相差不得超过 15%。

8.2 再现性

采用仪器法测定，在再现性条件下，黄曲霉毒素 B_1 含量不大于 10.0 μg/kg 时，两次独立测定结果的相对相差不得超过 30%；黄曲霉毒素 B_1 含量大于 10.0 μg/kg 时，两次独立测定结果的相对相差不得超过 20%。

ICS 65.140
B 40

NY

中华人民共和国农业行业标准

NY/T 2649—2014

蜂王幼虫和蜂王幼虫冻干粉

Queen larvae and queen larvae lyophilized powder

2014-10-17 发布　　　　2015-01-01 实施

中华人民共和国农业部　发布

前　言

本标准按照 GB/T 1.1—2009 给出的规则起草。

本标准由农业部农产品加工标准化技术委员会提出并归口。

本标准起草单位：中国农业科学院蜜蜂研究所。

本标准主要起草人：周金慧、赵静、李熠、吴黎明、王鹏、黄京平。

蜂王幼虫和蜂王幼虫冻干粉

1 范围

本标准规定了蜂王幼虫和蜂王幼虫冻干粉的定义、技术要求、试验方法、包装和标识要求等内容。

本标准适用于蜂王幼虫和蜂王幼虫冻干粉的生产、加工和检验。

2 规范性引用文件

下列文件对于本文件的应用是必不可少的。凡是注日期的引用文件，仅注日期的版本适用于本文件。凡是不注日期的引用文件，其最新版本(包括所有的修改单)适用于本文件。

GB/T 5048 防潮包装

GB 7718 预包装食品标签通则

GB 9697 蜂王浆

GB/T 12339 保护用内包装材料

GB/T 21532 蜂王浆冻干粉

3 术语和定义

下列术语和定义适用于本文件。

3.1

蜂王幼虫 queen larvae

又称蜂王胎，是蜂王浆生产的副产品，是蜜蜂受精卵在未封盖的王台上经工蜂喂饲新鲜王浆而生长发育的幼虫体。

3.2

蜂王幼虫冻干粉 queen larvae lyophilized powder

以新鲜的蜂王幼虫冻为原料，经过真空冷冻干燥制成的粉末产品。

4 技术要求

4.1 感官指标

应符合表1的规定。

表1 感官指标

项目	蜂王幼虫	蜂王幼虫冻干粉
颜色	虫体呈乳白色，略带光泽；冷冻的蜂王幼虫虫体略带浅黄色	白色、乳白色或浅黄色
状态	呈蛆形，体表有环纹但无附肢，虫体饱满且富有弹性，不得有黑色斑点	粉末状，无胶状凝结物
气味	略带腥味，不得有发酵、发臭等异味	略带腥味，没有焦煳和发臭等异味
杂物	无蜡屑和外来异物	

4.2 理化指标

应符合表2的规定。

表 2　理化指标

项　　目	蜂王幼虫	蜂王幼虫冻干粉
水分,g/100 g	≤85	≤5
酸度,mL/100 g	10～15	50～80
蛋白质,g/100 g	7.0～16	≥40
灰分,g/100 g	≤4	≤22

5　试验方法

5.1　样品预处理方法

取新鲜的蜂王幼虫,用0.9%氯化钠溶液将虫体洗净并用吸水纸吸干虫体表面水分,冷冻贮存。贮存的蜂王幼虫需从低于－18℃的冰柜中取出,实验前用清洁干净的工具从容器内取出蜂王幼虫,用冷冻匀浆机将其打碎并混合均匀,备用。

在0℃～25℃条件下,从含有干燥剂的容器里取出蜂王幼虫冻干粉样品,成块状的需粉碎后备用。

5.2　水分

蜂王幼虫按 GB 9697 规定的方法试验。

蜂王幼虫冻干粉按 GB/T 21532 规定的方法试验。

5.3　灰分

蜂王幼虫按 GB 9697 规定的方法试验。

蜂王幼虫冻干粉按 GB/T 21532 规定的方法试验。

5.4　酸度

蜂王幼虫按 GB 9697 规定的方法试验。

蜂王幼虫冻干粉按 GB/T 21532 规定的方法试验。

5.5　蛋白质

蜂王幼虫按 GB 9697 规定的方法试验。

蜂王幼虫冻干粉按 GB/T 21532 规定的方法试验。

6　包装

6.1　防护用内包装材料应符合 GB/T 12339 的要求,并符合食品安全卫生要求。

6.2　蜂王幼虫和蜂王幼虫冻干粉的防潮包装材料应符合 GB/T 5048 的规定。

7　标签标识

食品标签应符合 GB 7718 的要求。

ICS 65.120
B 46

NY

中华人民共和国农业行业标准

NY/T 2656—2014

饲料中罗丹明B和罗丹明6G的测定 高效液相色谱法

Determination of rhodamine B and rhodamine 6G in feeds—High performance liquid chromatography

2014-10-17 发布

2015-01-01 实施

中华人民共和国农业部 发布

前　　言

本标准按照GB/T 1.1—2009给出的规则起草。

本标准由农业部畜牧业司提出。

本标准由全国饲料工业标准化技术委员会(SAC/TC 76)归口。

本标准起草单位:中国农业科学院农业质量标准与检测技术研究所。

本标准主要起草人:张妍、杨曙明、邱静、于洪侠、赵小阳。

饲料中罗丹明 B 和罗丹明 6G 的测定　高效液相色谱法

1　范围

本标准规定了饲料中罗丹明 B 和罗丹明 6G 的高效液相色谱测定法。

本标准适用于配合饲料、浓缩饲料、添加剂预混合饲料中罗丹明 B 和罗丹明 6G 的测定。

本标准的定量限为 1 μg/kg。

2　规范性引用文件

下列文件对于本文件的应用是必不可少的。凡是注日期的引用文件，仅注日期的版本适用于本文件。凡是不注日期的引用文件，其最新版本(包括所有的修改单)适用于本文件。

GB/T 603　化学试剂试验方法中所用制剂及制品的制备

GB/T 6682　分析实验室用水规格和试验方法

GB/T 14699.1　饲料 采样

GB/T 20195　动物饲料试样的制备

3　方法原理

饲料中的罗丹明 B 和罗丹明 6G 经过 2%三氯乙酸乙腈溶液提取，正己烷脱脂，离心后上清液用氮气吹干，甲醇定容，高效液相色谱测定，外标法定量。

4　试剂和材料

除特殊注明外，所用试剂均为分析纯；水应符合 GB/T 6682 中一级用水规定；溶液按照 GB/T 603 的规定配制。

4.1　甲醇：色谱纯。

4.2　正己烷：色谱纯。

4.3　2%三氯乙酸乙腈溶液：取 10 g 三氯乙酸溶于 500 mL 乙腈中。

4.4　1%磷酸：取 10 mL 磷酸，用水溶解并稀释至 1 000 mL。

4.5　罗丹明 B 和罗丹明 6G 标准品：纯度≥98%。

4.6　罗丹明 B 和罗丹明 6G 贮备液(1 mg/mL)：分别准确称取罗丹明 B 和罗丹明 6G 标准品 10 mg，用甲醇溶解，定容至 10 mL。贮备液在−20℃保存，有效期一年。

4.7　罗丹明 B 和罗丹明 6G 标准中间液(1 μg/mL)：分别准确吸取 1 mL 的罗丹明 B 和罗丹明 6G 标准贮备液，用甲醇稀释定容至 100 mL，2℃～8℃保存，有效期 10 d。

4.8　罗丹明 B 和罗丹明 6G 标准工作液：吸取适量的罗丹明 B 和罗丹明 6G 标准中间液，用甲醇分别配置成 0.5 ng/mL、1 ng/mL、10 ng/mL、50 ng/mL 和 100 ng/mL 的混合标准工作液，2℃～8℃保存，有效期 10 d。

4.9　滤膜：0.22 μm。

5　仪器和设备

5.1　高效液相色谱仪：配有荧光检测器。

5.2　离心机：转速大于 10 000 r/min。

5.3　漩涡振荡器。

5.4　振荡器。

5.5　分析天平：感量 0.000 01 g。

5.6　天平：感量 0.01 g。

6　试样制备

按 GB/T 14699.1 抽取有代表性的样品，四分法缩减取样。按 GB/T 20195 的规定制备试样，粉碎，全部通过孔径为 0.42 mm 的试验筛，混匀，装入密闭容器中，避光保存，备用。

7　分析步骤

7.1　试样提取

称取 1 g 试样(精确至 0.01 g)，置于 25 mL 离心管中；加入 2%三氯乙酸乙腈溶液(4.3)5 mL，40℃超声提取 30 min；加入 5 mL 正己烷，漩涡振荡 1 min，在 10 000 r/min 下离心 5 min。将下层乙腈转移至 10 mL 离心管中，50℃下氮气吹干，用 1.0 mL 甲醇溶解，滤膜过滤后测定。

7.2　色谱条件

色谱柱：C_{18}，柱长 150 mm，内径 4.6 mm，粒度 5 μm，或性能相当者。

柱温：30℃。

进样量：10 μL。

流动相：1%磷酸＋乙腈＝50＋50。

流速：0.5 mL/min。

荧光检测器条件：激发波长 540 nm；发射波长 570 nm。

7.3　定量测定

分别取适量的罗丹明 B 和罗丹明 6G 标准工作液(4.8)及试样溶液(7.1)测定，以色谱峰保留时间定性，以色谱峰面积响应值作单点或多点校准定量。罗丹明 B 和罗丹明 6G 标准色谱图参见附录 A。

8　结果计算

试样中罗丹明 B 或罗丹明 6G 的含量，以质量分数 X_i 计，数值以微克每千克(μg/kg)表示，按式(1)计算：

$$X_i = \frac{C_i \times A_1 \times V}{A_2 \times m} \quad (1)$$

式中：

m ——试样质量，单位为克(g)；

V ——试样溶液的定容体积，单位为毫升(mL)；

C_i ——标准工作液中相应罗丹明 B 或罗丹明 6G 的浓度，单位为纳克每毫升(ng/mL)；

A_1 ——试样溶液中罗丹明 B 或罗丹明 6G 的峰面积；

A_2 ——标准工作液中相应罗丹明 B 或罗丹明 6G 的峰面积。

测定结果用平行测定的算术平均值表示，保留 3 位有效数字。

9　重复性

在重复性条件下获得的 2 次独立测定结果的绝对差值不大于其算术平均值的 15%。

附　录　A
(资料性附录)
罗丹明 B 和罗丹明 6G 标准工作液色谱图

罗丹明 B 和罗丹明 6G 标准工作液色谱图见图 A. 1。

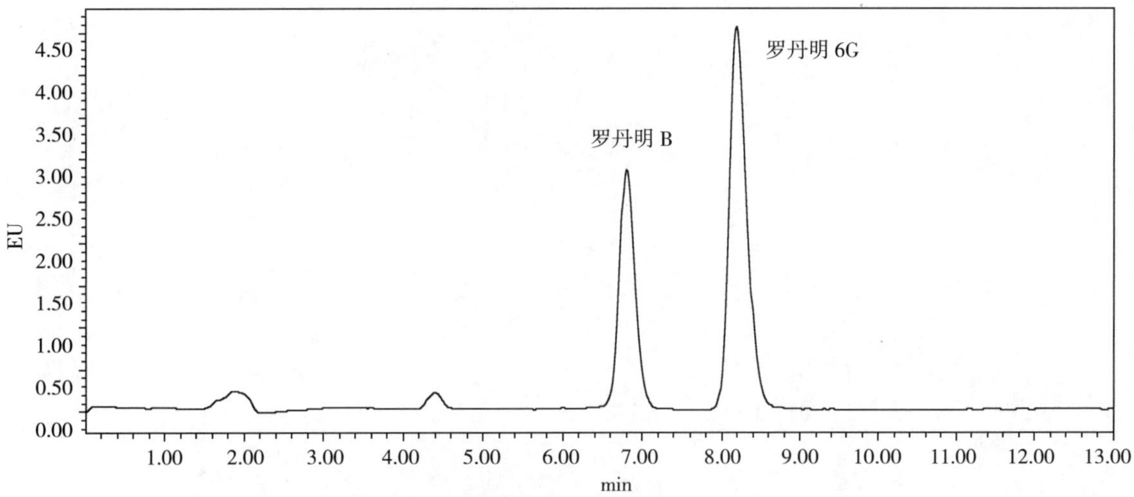

图 A. 1　罗丹明 B 和罗丹明 6G 标准工作液色谱图(1 μg/L)

ICS 65.020.01
B 40

NY

中华人民共和国农业行业标准

NY/T 2657—2014

草种质资源繁殖更新技术规程

Code of practice for regeneration technology in herbage germplasm resources

2014-10-17 发布　　2015-01-01 实施

中华人民共和国农业部　发布

前　　言

本标准按照 GB/T 1.1—2009 给出的规则起草。

本标准由农业部畜牧业司提出。

本标准由全国畜牧业标准化技术委员会(SAC/TC 274)归口。

本标准起草单位:全国畜牧总站、中国农业科学院北京畜牧兽医研究所、中国农业科学院草原研究所。

本标准主要起草人:李晓芳、陈志宏、王赞、师文贵、李志勇。

草种质资源繁殖更新技术规程

1 范围

本标准规定了草种质资源繁殖更新的技术、方法和质量要求。

本标准适用于草种质资源的繁殖更新。

2 规范性引用文件

下列文件对于本文件的应用是必不可少的。凡是注日期的引用文件,仅注日期的版本适用于本文件。凡是不注日期的引用文件,其最新版本(包括所有的修改单)适用于本文件。

GB/T 2930.2 牧草种子检验规程 净度分析

GB/T 2930.4 牧草种子检验规程 发芽试验

GB/T 2930.8 牧草种子检验规程 水分测定

GB/T 2930.9 牧草种子检验规程 重量测定

3 术语和定义

下列术语和定义适合于本文件。

3.1

草种质资源 forage germplasm

可用于草品种选育及其他相关研究利用的所有草类植物遗传物质材料,是经过长期的自然选择或人工培育而成的有生命的可再生植物种质资源。

3.2

繁殖更新 regeneration

采用不同繁殖方式,使种质材料完成世代交替产生新的繁殖材料的过程。

4 繁殖更新方案

4.1 依据与基本要求

4.1.1 保存草种质材料繁殖更新的依据

当种质库保存种质材料出现下列情况之一时,则应繁殖更新:

a) 种子发芽率降至60%以下或初始发芽率的60%;

b) 自花授粉草种和自交系每份种质材料的活种子数量低于600粒;异花授粉草种和地方品种每份种质材料的活种子数量低于800粒;

c) 在中期库中,某一种质材料的种子全部失活,应将长期库中的同一材料繁殖更新;

d) 资源圃内保存的无性繁殖材料,株数或盖度减少到原保存数量的50%应繁殖更新。

4.1.2 繁殖更新的基本要求

4.1.2.1 繁殖更新的种质群体必须足够大,能最大限度地保持原种质的遗传完整性。

4.1.2.2 繁殖更新过程中,应避免种质材料间及种质材料与野生或栽培植物间无性或有性混杂。

4.1.2.3 绘制田间繁殖种植图。

4.2 前期准备

4.2.1 根据库存种子的生活力、数量和圃存植株的生长势监测结果,确定繁殖更新材料。

4.2.2 按种质的繁殖特性、生活型、生态类型等进行分组、分类，并确定繁殖数量。

4.2.3 根据繁殖材料特性和繁殖要求，确定繁殖地点、隔离方式和繁殖年限。

4.2.4 珍稀或难繁殖的种质材料应特殊安排。

5 繁殖更新地点

5.1 繁殖地应选在拟繁种质的原产地、采集地或类似的生态区。

5.2 繁殖地的选择应考虑以下内容：

a) 繁殖地的条件能保证繁殖种质材料的正常生长；

b) 异花授粉种质繁殖地的选择，应考虑花期隔离措施；

c) 无性繁殖材料的繁殖更新应在原种质圃附近。

6 异花和常异花授粉植物的隔离方式

6.1 空间隔离

风媒花植物的空间隔离距离为 500 m 以上，虫媒花植物的空间隔离距离为 1 000 m 以上。

6.2 高秆植物和自然屏障隔离

矮秆植物可在繁殖地四周种植不同种的高秆植物进行隔离，也可利用山冈等自然屏障进行隔离。

6.3 时间隔离

采用分期播种、刈割等方式，使繁殖材料间花期不遇。

6.4 小区网棚隔离

用 30 目～40 目尼龙纱网布制作网棚，每个棚内种植 1 份种质材料。虫媒花的植物要在棚内放蜂辅助授粉或采取其他辅助授粉措施。

6.5 单株网罩隔离

开花前，用特制的尼龙或纱布网罩罩住植株。

6.6 套袋隔离

开花前，用硫酸纸或牛皮纸袋套住整个花序(穗)或单朵花，紧口，防止外来花粉串入，任其自交或人工辅助授粉。

7 繁殖群体大小

7.1 种子繁殖群体

草本类自花授粉植物大于 30 株，异花和常异花授粉植物大于 50 株，灌木类植物大于 30 株。

7.2 无性繁殖群体

无性繁殖材料大于 15 株。

8 种植前准备

8.1 种子繁殖材料准备

根据种子发芽率确定播种量。种子保存量少的材料，随机取原种的 1/4。取种子应取样。

8.2 无性繁殖材料准备

根据不同营养繁殖器官的再生特性，在资源圃选取或培育新生苗，每株取 3 个～5 个分蘖或芽，分离后挂牌，核实无误后送繁殖区备用。

9 田间种植与栽培管理

9.1 种子繁殖材料

9.1.1 播种时间

根据不同草种确定适宜播种期。

9.1.2 播种方法

采用营养钵点播育苗移栽。

9.1.3 定植密度

繁殖材料的行距依据植物种类而定。一般疏丛型多年生禾本科行距为 35 cm～40 cm；根茎型禾本科和豆科植物行距为 40 cm～60 cm；植株高大、分蘖力强的植物可适当加大，根据不同草种的繁殖特性确定株距。

9.1.4 田间管理

在生长期间，及时中耕、除草、施肥、防治病虫害，根据天气和土壤状况适时排灌。

9.2 无性繁殖材料

9.2.1 移植时间

在适宜生长期移植，保证移栽苗安全越夏和越冬。

9.2.2 隔离方式

依据地上部占地面积和地下根茎蔓延情况，设置地下隔离板。

9.2.3 重新入圃

更新材料在繁殖区生长 1 年后，翌年 4 月～5 月挖出植株，留茬 20 cm～25 cm，重新移栽至保存区。原保存区在更新材料入圃前清除老茎、老根，翻土或换土后栽植新株。更新植株重新入圃前严格核对更新小区号和圃位号，核实无误后入圃。

9.2.4 入圃后田间管理

按 9.1.4 的规定执行。

10 性状核对与去杂

10.1 性状核对应在繁殖材料特征性状表现明显时期进行。

10.2 种子繁殖时，调查记录并核对不同繁殖材料的形态特征，去除与原性状不符的混杂材料。

10.3 无性繁殖材料繁殖时，分蘖苗移栽成活后，应与圃内原保存植株核对，及时去除混杂植株。

10.4 按照草种质资源描述规范，记载繁殖材料的形态特征。

11 种子收获与处理

11.1 收获

依据种子成熟期和结实特性，人工分期分批收获。

11.2 种子处理

及时晾晒、脱粒、清选，对带有虫卵、病菌的种子及时熏蒸处理。

11.3 种子检验

处理后的种子，按照 GB/T 2930.2 的规定检测净度，按照 GB/T 2930.4 的规定检测发芽率，按照 GB/T 2930.8 的规定检测含水量，按照 GB/T 2930.9 的规定检测千粒重。

12 数据整理与档案建立

繁殖更新后，及时整理繁殖更新过程中记录的数据，建立纸质和电子档案。汇总、归类、统计和分析繁殖更新数据，形成当年的繁殖更新工作报告。

ICS 65.020.01
B 40

NY

中华人民共和国农业行业标准

NY/T 2658—2014

草种质资源描述规范

Descriptors for forage germplasm

2014-10-17 发布　　2015-01-01 实施

中华人民共和国农业部　发布

前　言

本标准按照 GB/T 1.1—2009 给出的规则起草。

本标准由农业部畜牧业司提出。

本标准由全国畜牧业标准化技术委员会(SAC/TC 274)归口。

本标准起草单位:全国畜牧总站、中国农业科学院北京畜牧兽医研究所、中国农业科学院草原研究所。

本标准主要起草人:贠旭疆、陈志宏、李晓芳、王赞、袁庆华、师文贵。

草种质资源描述规范

1 范围

本标准规定了草种质资源的描述符。

本标准适用于草种质资源的收集、保存、评价和繁殖更新。

2 规范性引用文件

下列文件对于本文件的应用是必不可少的。凡是注日期的引用文件,仅注日期的版本适用于本文件。凡是不注日期的引用文件,其最新版本(包括所有的修改单)适用于本文件。

GB/T 2930.2 牧草种子检验规程 净度分析

GB/T 2930.4 牧草种子检验规程 发芽试验

GB/T 2930.9 牧草种子检验规程 重量测定

NY/T 1310 农作物种质资源鉴定技术规程 豆科牧草

NY/T 2127 牧草种质资源田间评价技术规程

3 描述符

3.1 基本信息

3.1.1 全国统一编号

由"CF"(China Forage)加6位顺序号组成。

3.1.2 种质库编号

草种质资源在国家长、中期库的编号。

3.1.3 种质圃编号

草种质资源在国家种质圃中的编号。

3.1.4 送种单位编号

送交单位赋予草种质资源的编号。

3.1.5 原种质编号

草种质资源的原编号。

3.1.6 引种号

草种质资源从国外引入时赋予的编号。

3.1.7 采集号

草种质资源野外采集时赋予的编号。

3.1.8 品种登记号

通过审定的地方品种、野生栽培品种、育成品种、引进品种的登记号。

3.1.9 科中文名

草种质资源在植物分类学上所属科的中文名。

3.1.10 科拉丁名

草种质资源在植物分类学上所属科的拉丁名。

3.1.11 属中文名

草种质资源在植物分类学上所属属的中文名。

3.1.12 **属拉丁名**

草种质资源在植物分类学上所属属的拉丁名。

3.1.13 **种中文名**

草种质资源在植物分类学上所属种的中文名。

3.1.14 **种拉丁名**

草种质资源在植物分类学上所属种的拉丁名。

3.1.15 **种质中文名**

草种质(品种、品系等)的中文名。

3.1.16 **种质原文名**

国外引进草种质(品种、品系等)的原文名。

3.1.17 **原产国**

草种质资源的原产国家或地区名称。

3.1.18 **原产省区**

国内草种质资源的原产省(自治区、直辖市)名称;国外引进草种质资源原产省(市、州)一级行政区的名称。

3.1.19 **原产地**

国内草种质资源的原产市、县、乡、村名称。

3.1.20 **选育者**

草品种选育人名字。

3.1.21 **选育单位**

草品种选育单位名称。

3.1.22 **选育年份**

草品种审定登记的年份。以"年月日"表示,格式为 YYYYMMDD。

3.1.23 **来源地**

国外引进草种质资源的来源国家、地区或国际组织名称;国内草种质资源的来源省、市、县、乡名称。

3.1.24 **收集时间**

草种质资源收集的具体时间。以"年月日"表示,格式为 YYYYMMDD。

3.1.25 **种质类型**

草种质资源的种质类型,分为野生资源、地方品种、野生栽培品种、育成品种、品系、特殊遗传材料和其他。

3.1.26 **采集地海拔**

草种质资源来源地或原产地的海拔高度,单位为 m。

3.1.27 **采集地经度**

草种质资源来源地或原产地经度。用度、分、秒格式表示,但不加单位符号,分、秒均为小于 60 的两位数表示,不足两位在前补零;正表示东经,负表示西经。格式为±DDDFFSS,其中,DDD 为度,FF 为分,SS 为秒。

3.1.28 **采集地纬度**

草种质资源来源地或原产地纬度。用度、分、秒格式表示,但不加单位符号,分、秒均为小于 60 的两位数表示,不足两位在前补零;正表示北纬,负表示南纬。格式为±DDDFFSS,其中,DDD 为度,FF 为分,SS 为秒。

3.1.29 **采集地气候带**

草种质资源来源地或原产地所属的气候带，分为热带、亚热带、暖温带、中温带、寒温带和高寒区域。

3.1.30　**采集地生境**

草种质资源采集地的生境条件，分为田边、路旁、阴坡、阳坡、沟谷、湖边、溪边、海岸、河岸、沼泽、林中、林缘、灌丛、沙丘(固定沙丘、流沙)、平坦地和石质山坡。

3.1.31　**采集地土壤**

草种质资源采集地的土壤类型，填写到土类。土壤类型分别为棕色针叶林土、漂灰土、黄棕壤、黄褐土、棕壤、暗棕壤、白浆土、燥红土(壤)、褐土、灰褐土、黑土、灰色森林土、黑钙土、栗钙土、栗褐土、黑垆土、棕钙土、灰钙土、灰漠土、灰棕漠土、棕漠土、风沙土、草甸土、砂姜黑土、山地草甸土、林灌草甸土、潮土、沼泽土、泥炭土、盐土、碱土、草毡土、黑毡土、寒钙土、冷钙土、棕冷钙土、寒漠土、冷漠土、寒冻土、砖红壤、赤红壤、红壤和黄壤。

3.1.32　**采集地草地类型**

草种质资源采集地的草地类型，填写到草地类。草地类型分别为温性草甸草原、温性草原、温性荒漠草原、高寒草甸草原、高寒草原、高寒荒漠草原、温性草原化荒漠、温性荒漠、高寒荒漠、暖性草丛、暖性灌草丛、热性草丛、热性灌草丛、干热稀树灌草丛、低地草甸、山地草甸、高寒草甸和沼泽。

3.1.33　**采集地生态系统类型**

大生境的生态系统类型，分为森林、草原、荒漠、农田和湿地。

3.2　**形态特征**

3.2.1　**生活型**

草种质资源的生活型，分为乔木、小乔木、木质藤本、灌木、小灌木、半灌木、亚灌木、多年生草本、多年生草质藤本、越年生草本、一年生草本、一年生草质藤本和短命、类短命草本。

3.2.2　**茎生长习性**

开花期，按照图1以最大相似原则确定茎生长习性类型，分为直立茎、斜升茎、茎基部膝曲、斜倚茎、平卧茎、匍匐茎、攀援茎、缠绕茎、根蘖茎和根茎。

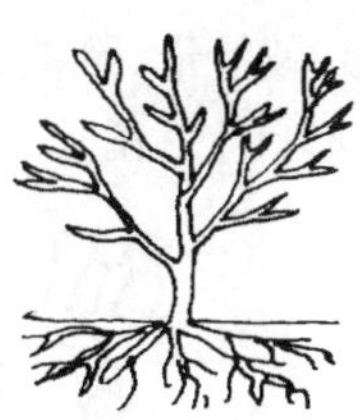

a）直立茎

b）斜升茎

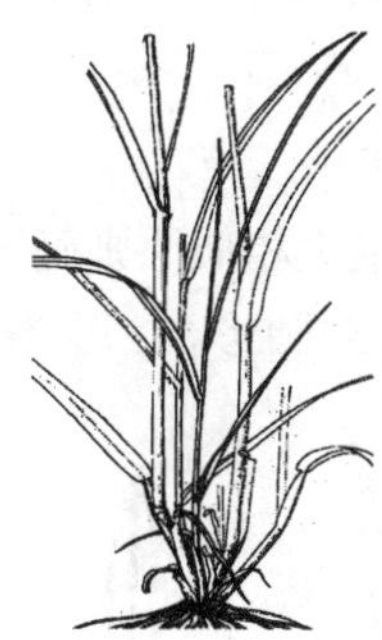

c）茎基部膝曲

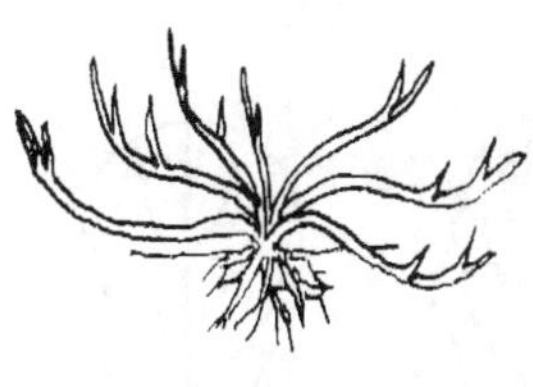

d）斜倚茎

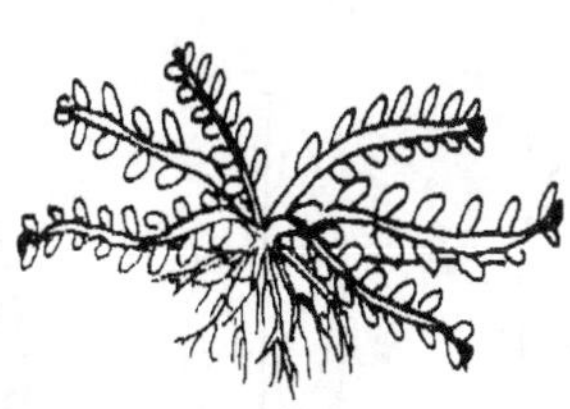

e）平卧茎

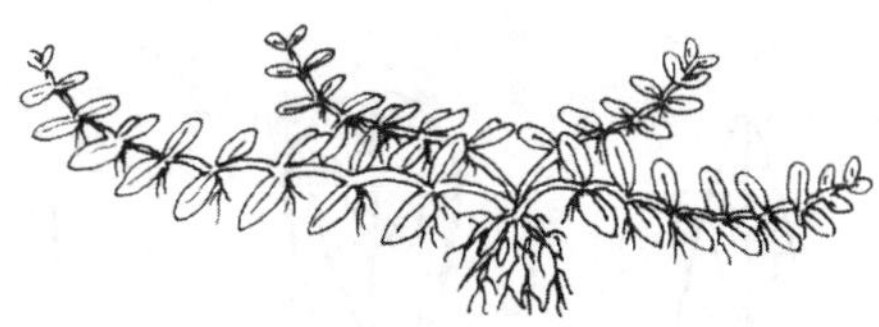

f）匍匐茎

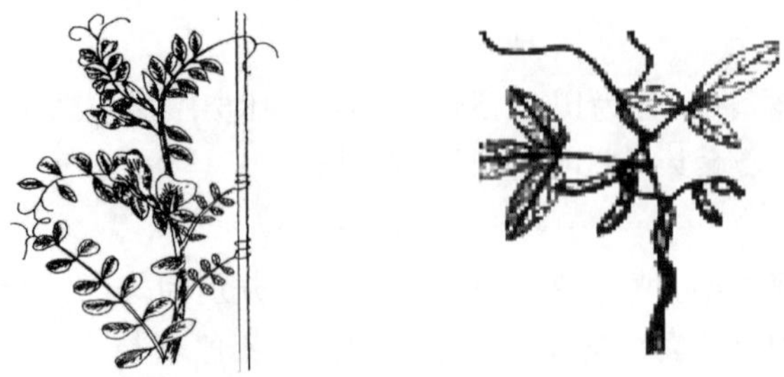

g） 攀援茎　　　　h） 缠绕茎

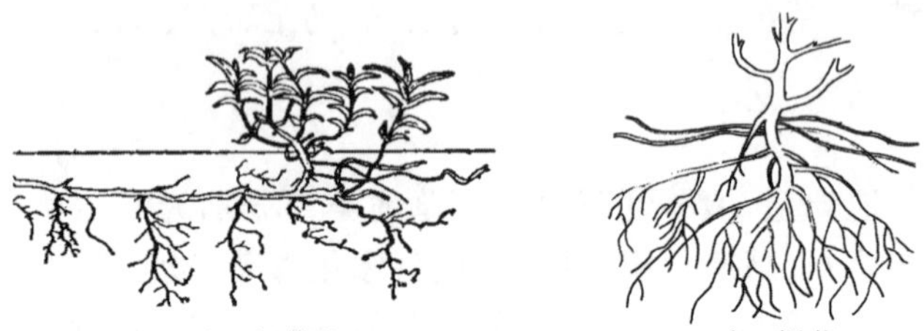

i） 根蘖茎　　　　j） 根茎

图 1　茎生长习性

3.2.3　叶类型

开花期，按照图 2 以最大相似原则确定叶的类型，分为奇数羽状复叶、偶数羽状复叶、掌状复叶、掌状三出复叶、羽状三出复叶和单叶。

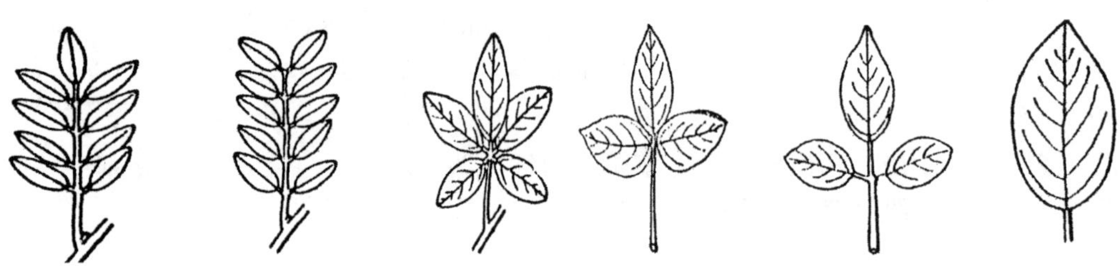

a） 奇数羽状复叶　b） 偶数羽状复叶　c） 掌状复叶　d） 掌状三出复叶　e） 羽状三出复叶　f） 单叶

图 2　叶类型

3.2.4　叶片形状

按照图 3 以最大相似原则确定叶片形状，分为针形、条形、剑形、钻形、鳞形、披针形、倒披针形、矩圆形、椭圆形、卵形、倒卵形、圆形、心形、倒心形、菱形、匙形、扇形、肾形、镰形、三角形、倒三角形、戟形和箭头形。

a） 针形　b） 条形　c） 剑形　d） 钻形　e） 鳞形

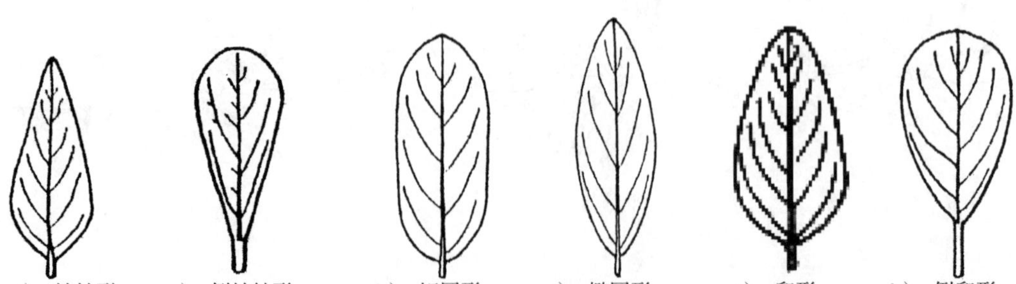

f） 披针形　g） 倒披针形　h） 矩圆形　i） 椭圆形　j） 卵形　k） 倒卵形

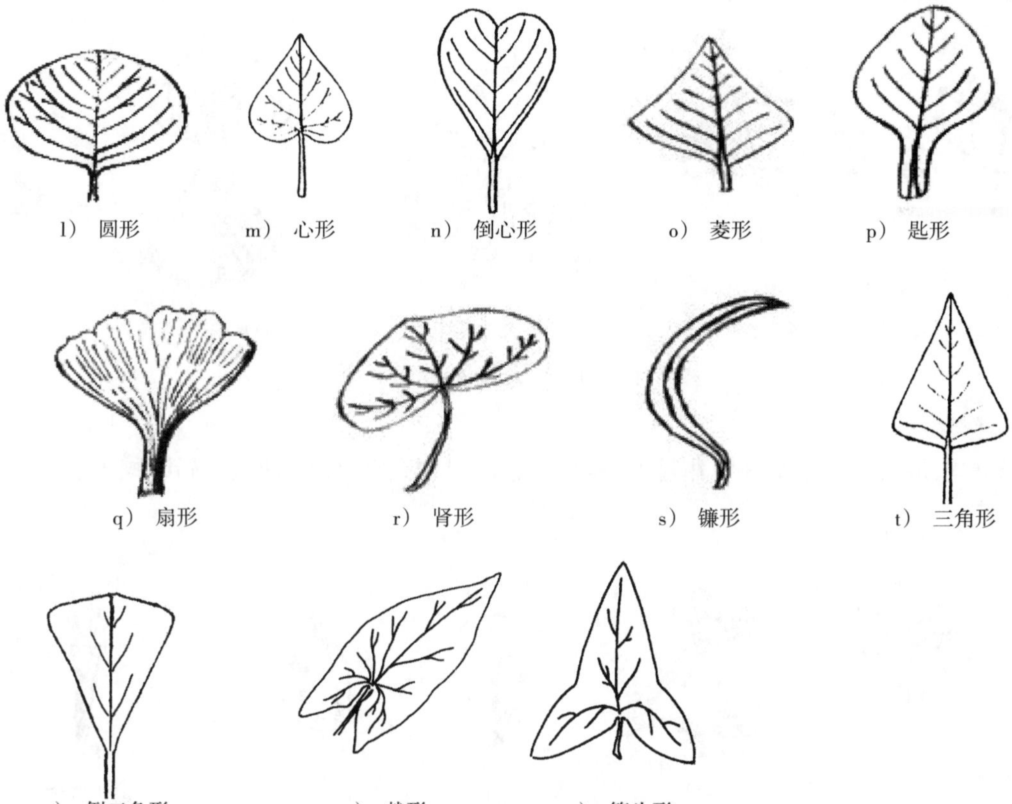

l） 圆形 m） 心形 n） 倒心形 o） 菱形 p） 匙形

q） 扇形 r） 肾形 s） 镰形 t） 三角形

u） 倒三角形 v） 戟形 w） 箭头形

图 3 叶片形状

3.2.5 叶质

草种质资源叶片的质地，分为草质、肉质、纸质、革质和膜质。

3.2.6 花序类型

开花期，按照图 4 以最大相似原则确定花序类型，分为总状花序、穗状花序、葇荑花序、肉穗花序、圆锥花序、伞房花序、伞形花序、头状花序、单歧聚伞花序、二歧聚伞花序、多歧聚伞花序、轮伞花序、隐头花序和单生花。

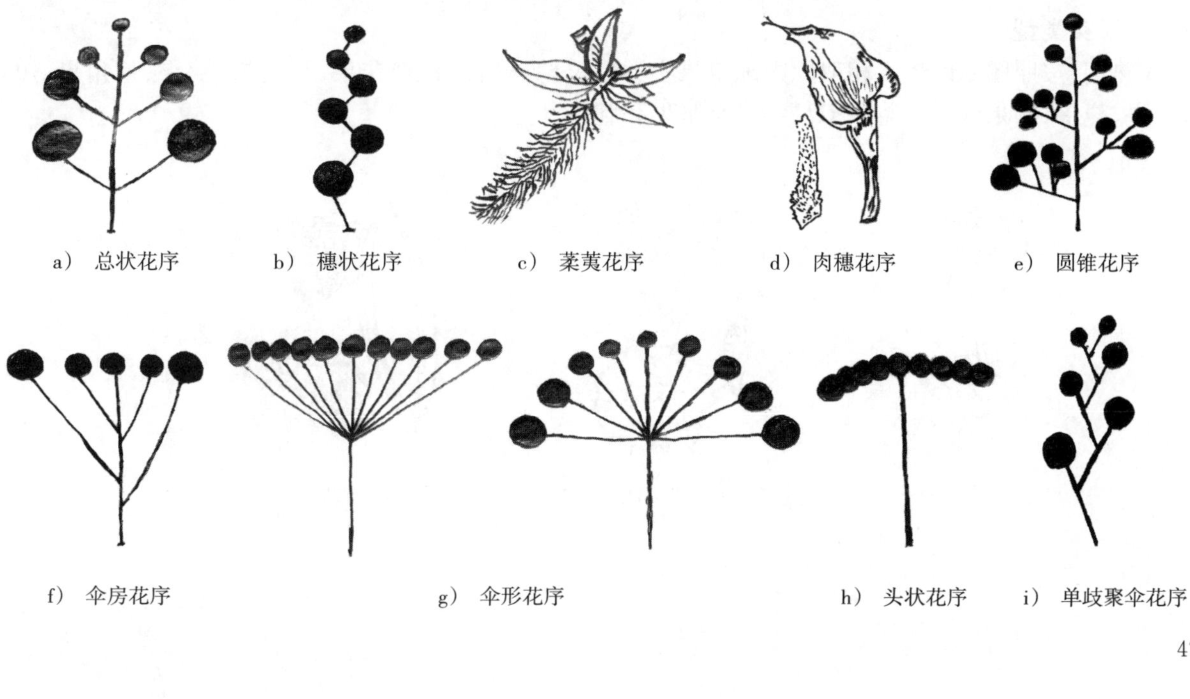

a） 总状花序 b） 穗状花序 c） 葇荑花序 d） 肉穗花序 e） 圆锥花序

f） 伞房花序 g） 伞形花序 h） 头状花序 i） 单歧聚伞花序

j） 二歧聚伞花序　k） 多歧聚伞花序　l） 轮伞花序　m） 隐头花序　n） 单生花

图4　花序类型

3.2.7　花冠类型

按照图5以最大相似原则确定花冠类型，分为辐状、坛状、漏斗状、钟状、筒状、蝶形、唇形、高脚碟状和舌状。

a） 辐状　b） 坛状　c） 漏斗状　d） 钟状　e） 筒状

f） 蝶形　g） 唇形　h） 高脚碟状　i） 舌状

图5　花冠的类型

3.2.8　果实类型

成熟期，按照图6以最大相似原则确定果实类型，分为聚合果、聚花果、蓇葖果、荚果、长角果、短角果、蒴果、瘦果、颖果、翅果、浆果、双悬果、小坚果和胞果。

a） 聚合果　b） 聚花果　c） 蓇葖果

d） 荚果　　e） 长角果　　f） 短角果

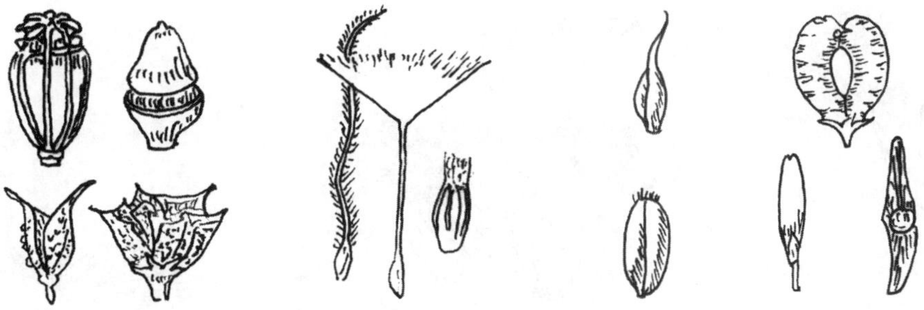

g） 蒴果　　h） 瘦果　　i） 颖果　　j） 翅果

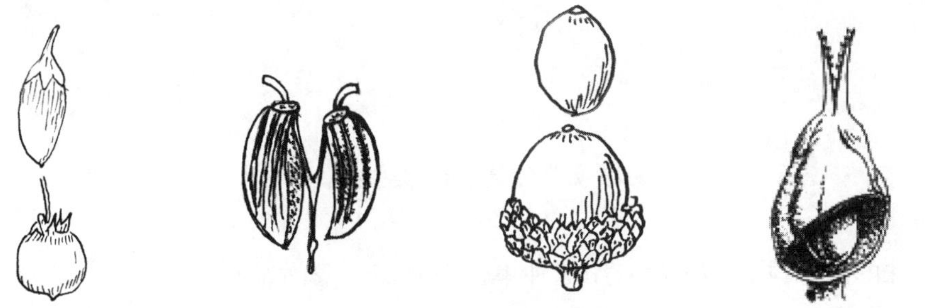

k） 浆果　　l） 双悬果　　m） 小坚果　　n） 胞果

图 6　果实类型

3.2.9　分蘖(枝)类型

开花期，按照图 7 根据地表和地下分蘖枝条及不定根的生长情况，以最大相似原则确定分蘖类型，分为根茎型、根蘖型、疏丛型、密丛型、根茎—疏丛型、匍匐型、鳞茎型、根颈丛生型和无茎莲座状。

a） 根茎型　　b） 根蘖型　　c） 疏丛型

d） 密丛型　　e） 根茎—疏丛型　　f） 匍匐型

g） 鳞茎型　　h） 根颈丛生型　　i） 无茎莲座状

图 7　分蘖(枝)类型

3.2.10　全株图像

草种质资源全株的图像，格式为 JPG，用送种单位编号加-1 表示。

3.2.11　花果图像

草种质资源花果的图像，格式为 JPG，用送种单位编号加-2 表示。

3.2.12　种子图像

草种质资源种子的图像，格式为 JPG，用送种单位编号加-3 表示。

3.2.13　其他图像

草种质资源的其他图像，格式为 JPG，用送种单位编号加-4 表示。

3.3　生物学特性及农艺性状

3.3.1　送种单位

草种质资源送交单位全称。

3.3.2　观测地点

评价观测的具体地点。

3.3.3　观测单位

评价观测单位全称。

3.3.4　观测地海拔

评价观测地点的海拔高度，单位为 m。

3.3.5　观测地经度

评价观测地点的经度，按 3.1.27 的规定执行。

3.3.6 观测地纬度

评价观测地点的纬度，按 3.1.28 的规定执行。

3.3.7 观测地气候带

草种质资源来源地或原产地所属的气候带，按 3.1.29 的规定执行。

3.3.8 观测地土壤类型

评价观测地点的土壤类型，按 3.1.31 的规定执行。

3.3.9 观测地年均降水

评价观测地年平均降水量，单位为 mm。

3.3.10 播种期

播种的日期，包括移栽的栽植日期。以“年月日”表示，格式为“YYYYMMDD”。

3.3.11 出苗(返青)期

萌发后的幼苗露出地面达 50%为出苗期；越冬后，植株有 50%返青时为返青期。以“年月日”表示，格式为“YYYYMMDD”。

3.3.12 分蘖(枝)期

有 50%的植株在茎基部茎节上生长侧芽 1 cm 以上或从植株上长出侧枝为分蘖或分枝期。以“年月日”表示，格式为“YYYYMMDD”。

3.3.13 拔节期

禾本科拔节开始时期，以 50%的植株第一个节露出地面 1 cm～2 cm 为标准。以“年月日”表示，格式为“YYYYMMDD”。

3.3.14 抽穗(现蕾)期

禾本科为抽穗期，是 50%的植株的幼穗从顶部叶鞘中伸出而显露于叶外的日期；豆科和其他科为现蕾期，是 50%的植株有花蕾出现的日期。以“年月日”表示，格式为“YYYYMMDD”。

3.3.15 开花期

指 50%的植株开花的日期。以“年月日”表示，格式为“YYYYMMDD”。

3.3.16 成(完)熟期

豆科和其他科为成熟期，禾本科为完熟期，80%的种子变坚硬，开始脱落为完熟期。以“年月日”表示，格式为“YYYYMMDD”。

3.3.17 生育天数

植株由出苗期或返青期到种子成熟期的总天数，单位为天(d)。

3.3.18 枯黄期

50%的植株茎叶枯黄或失去生活机能的时期。以“年月日”表示，格式为“YYYYMMDD”。

3.3.19 生长天数

植株由出苗期或返青期到枯黄期的总天数，单位为天(d)。

3.3.20 再生性

按 NY/T 2127 的规定执行。

3.3.21 落粒性

完熟期，从试验小区观察 10 株(丛)颖果从植株上散落的程度。分为不脱落、少量脱落和脱落。

3.3.22 越冬率

按 NY/T 1310 的规定执行。

3.3.23 千粒重

按 GB/T 2930.9 的规定执行。

3.3.24 株高

每小区随机取 10 株,测量从地面至植株的最高部位的绝对高度,求其平均值,于盛花期测定,单位为 cm。

3.3.25 鲜草产量

按 NY/T 2127 的规定执行。

3.3.26 干草产量

按 NY/T 2127 的规定执行。

3.3.27 种子产量

按 NY/T 2127 的规定执行。

3.3.28 净度

按 GB/T 2930.2 的规定执行。

3.3.29 发芽率

按 GB/T 2930.4 的规定执行。

3.3.30 硬实率

按 GB/T 2930.4 的规定执行。

参 考 文 献

[1]李志勇，王宗礼，等. 2005. 牧草种质资源描述规范和数据标准. 北京：中国农业出版社.

[2]白昌军，刘国道. 2005. 热带牧草种质资源描述规范. 北京：中国农业出版社.

[3]耿以礼. 1965. 中国主要植物图说·禾本科. 北京：科学出版社.

[4]中国科学院植物研究所. 2001. 中国高等植物图鉴. 第一册. 北京：科学出版社.

[5]农业部畜牧兽医局，畜牧兽医总站. 1996. 中国草地资源. 北京：中国农业科学技术出版社.

[6]詹姆斯·吉·斯，米琳达·沃尔芙·哈里斯著. 2001. 图解植物学词典. 王宇飞，赵良成，冯广平，等译. 北京：科学出版社.

[7]GB/T 2930.2—2001　牧草种子检验规程　净度试验

[8]GB/T 2930.4—2001　牧草种子检验规程　发芽试验

[9]GB/T 2930.8—2001　牧草种子检验规程　水分测定

[10]GB/T 2930.9—2001　牧草种子检验规程　重量测定

[11]NY/T 1091—2006　草品种审定技术规程

[12]NY/T 2127—2012　牧草种质资源田间评价技术规程

[13]NY/T 1310—2007　农作物种质资源鉴定技术规程　豆科牧草

ICS 67.100.01
X 16

NY

中华人民共和国农业行业标准

NY/T 2659—2014

牛乳脂肪、蛋白质、乳糖、总固体的快速测定 红外光谱法

Rapid determination of fat,protein,lactose and total solids in milk—Infrared spectrometry

(ISO 9622:1999,Whole milk-Determination of milkfat,protein and lactose content-Guidance on the operation of mid-infrared instruments,NEQ)

2014-10-17 发布 2015-01-01 实施

中华人民共和国农业部 发布

前　言

本标准按照 GB/T 1.1—2009 给出的规则起草。

本标准非等效采用 ISO 9622:1999《全脂牛乳—乳脂肪、蛋白质和乳糖含量测定—中红外仪操作指南》(Whole milk-Determination of milkfat, protein and lactose content-Guidance on the operation of mid-infrared instruments)。与 ISO 9622:1999 相比主要区别如下:

——删除原标准的红外测定仪的主要特征、采样、试样均匀性、检验报告等章节及附录 A、附录 B、附录 C;

——增加试剂和仪器等章节;

——将影响测定准确度的因子和仪器校准等章节修改为本标准的附录 A;

——将仪器短期稳定性的日检查修改为本标准的附录 B。

本标准由农业部畜牧业司提出。

本标准由全国畜牧业标准化技术委员会(SAC/TC 274)归口。

本标准起草单位:农业部乳品质量监督检验测试中心(哈尔滨)。

本标准主要起草人:李琴、巩军、姜金斗、徐萍、褚中秋、尹凤芝、陶大利、韩秋红、王迎俊。

牛乳脂肪、蛋白质、乳糖、总固体的快速测定　红外光谱法

1 范围

本标准规定了牛乳中脂肪、蛋白质、乳糖、总固体的牛乳红外光谱仪快速测定方法。

本标准适用于牛乳中脂肪、蛋白质、乳糖、总固体的快速测定。

本标准各组分检出限为 0.01 g/100 g。

2 规范性引用文件

下列文件对于本文件的应用是必不可少的。凡是注日期的引用文件，仅注日期的版本适用于本文件。凡是不注日期的引用文件，其最新版本(包括所有的修改单)适用于本文件。

GB 5009.5　食品安全国家标准　食品中蛋白质的测定

GB 5413.3　食品安全国家标准　婴幼儿食品和乳品中乳糖、蔗糖的测定

GB 5413.5　食品安全国家标准　婴幼儿食品和乳品中脂肪的测定

GB/T 6682　分析实验室用水规格和试验方法

3 原理

均质牛乳中甘油酯的羰基在 5.7 μm 处(脂肪 A)、碳氢基在 3.5 μm 处(脂肪 B)红外吸收测定脂肪；肽键的氨基在 6.5 μm 处红外吸收测定蛋白质；乳糖的羟基在 9.6 μm 处红外吸收测定乳糖。以上 3 个测定值加 0.7%维生素及无机盐在牛乳红外光谱仪内计算总固体含量。

4 试剂

除非另有规定，本方法所用试剂均为分析纯，水为 GB/T 6682 规定的三级水。

4.1 专用防腐剂。

4.2 重铬酸钾($K_2Cr_2O_7$)。

4.3 叠氮化钠(NaN_3)。

5 仪器设备

5.1 恒温水浴锅：(45±1)℃。

5.2 牛乳红外光谱仪。

a) 仪器测定准确度的影响因子的控制，按附录 A 的规定执行。

b) 仪器稳定性日检查，按附录 B 的规定执行。

5.3 采样管。

6 试样制备

6.1 样品从采集到测定，常温下放置不应超过 2 h，2℃～6℃条件下放置不应超过 72 h。如超过上述时间，需加入防腐剂。

6.2 常用防腐剂使用方法如下：

a) 专用防腐剂，按使用说明加入，充分溶解，摇匀；

b) 重铬酸钾(4.2)：在试样(6.1)中浓度 0.1 g/100mL，此样品在室温下可保存 2 d；在 2℃～6℃条

件下可保存 5 d；

c） 叠氮化钠(4.3)：在试样(6.1)中浓度 0.03 g/100mL，此样品在室温下可保存 2 d；在 2℃～6℃条件下可保存 5 d。

7 分析步骤

7.1 使用恒温水浴锅(5.1)或等同设施，使试样测试前预热至(40±1)℃。且上下颠倒 9 次，水平振摇 6 次。

7.2 按牛乳红外光谱仪(5.2)操作说明书的规定进行测定。

8 结果表述

仪器计算结果，精确至小数点后 2 位，单位为质量分数(%)。

9 精密度

9.1 重复性条件下获得的 2 次独立测试结果的绝对差值不大于 0.06%。

9.2 再现性条件下测定值(不包括离群值)标准差不大于 0.045%。

注：实验室间的再现性考察，仪器的校准应使用同一参比方法定值的同批次校准样品。

附 录 A
(规范性附录)
仪器测定准确度影响因子的控制

A.1 测量线性

A.1.1 线性范围

A.1.1.1 脂肪线性范围质量分数宜为 2.5%～5.0%,测高脂牛乳产地的牛乳红外光谱仪宜将上限提到 7.0%。

A.1.1.2 蛋白质线性范围质量分数宜为 2.5%～4.0%,测高蛋白质牛乳产地的牛乳红外光谱仪宜将上限提到 5.0%。

A.1.1.3 乳糖线性范围质量分数宜为 4.0%～6.0%。

A.1.2 测定线性样品的制备

在以上线性范围内制备不同浓度的脂肪、蛋白质、乳糖样品各 6 个。配制的原料及比例见表 A.1 所示。

表 A.1 原料及其配制比例

脂肪样品			蛋白质样品			乳糖样品		
脂肪含量 5.0%牛奶	水	浓度,%	蛋白质含量 4.0%脱脂乳	水	浓度,%	乳糖含量 6.0% 乳糖溶液	水	浓度,%
100	0	5.0	100	0	4.0	100	0	6.0
90	10	4.5	92.5	7.5	3.7	93.3	6.7	5.6
80	20	4.0	85	15	3.4	86.7	13.3	5.2
70	30	3.5	77.5	22.5	3.1	80	20	4.8
60	40	3.0	70	30	2.8	73.3	26.7	4.4
50	50	2.5	62.5	37.5	2.5	66.7	33.3	4.0

A.1.3 参比方法

A.1.3.1 脂肪:按 GB 5413.3 规定的方法进行测定。

A.1.3.2 蛋白质:按 GB 5009.5 规定的方法进行测定。

A.1.3.3 乳糖:按 GB 5413.5 规定的方法进行测定。

A.1.4 分析步骤

每个浓度样品按第 7 章规定的方法进行二次平行测定,结果达到重复性条件下的精密度要求,取算术平均值,得到仪器测定值。

每个浓度样品按 A.1.3 规定的参比方法进行测定,得到参比方法测定值。

A.1.5 结果计算

线性相关系数以 τ 计,数值以质量分数(%)表示,按式(A.1)计算。

$$\tau=\frac{\sum(x_i-\bar{x})(y_i-\bar{y})}{\sqrt{\sum(x_i-\bar{x})^2\sum(y_i-\bar{y})^2}} \qquad \text{(A.1)}$$

式中:

x_i——第 i 次仪器测定值,单位为质量分数(%);

$\bar{x}$ ——仪器测定值的算术平均值,单位为质量分数(%);

y_i——第 i 次参比方法测定值,单位为质量分数(%);

$\bar{y}$ ——参比方法测定值的算术平均值,单位为质量分数(%)。

计算结果保留4位有效数字。

A.1.6 线性要求

线性相关系数 τ 应不小于0.999 0。

A.2 样品池清洗效率

A.2.1 测定样品池清洗效率的样品制备

以牛乳和水各10个为试样,成双相间排列:水、水、牛乳、牛乳、水、水……

A.2.2 分析步骤

按第7章规定的方法测定脂肪、蛋白质、乳糖的含量。

A.2.3 结果计算

样品池清洗效率以 E 计,数值以质量分数(%)表示,按式(A.2)计算。

$$E = \frac{\sum M_1 - \sum W_2}{\sum M_2 - \sum W_2} \times 100 \quad \cdots\cdots (A.2)$$

式中:

M_1——成双牛乳样的第一个测定值,单位为质量分数(%);

W_2——成双水样的第二个测定值,单位为质量分数(%);

M_2——成双牛乳样的第二个测定值,单位为质量分数(%)。

A.2.4 样品池清洗效率的要求

样品池清洗效率 E 应在100%±1%范围内。

A.3 校准有效性的确认

A.3.1 初始校准的检查

A.3.1.1 样品要求

用于检查的样品为牛乳,数量不小于6个,应同时满足以下条件:

a) 脂肪、蛋白质、乳糖的含量均在仪器测量线性范围内(A.1.1);

b) 体细胞含量不超过 10^6 sc/mL;

c) 样品在感官上不应变质。

A.3.1.2 分析步骤

同A.1.4。

A.3.1.3 结果计算

以仪器测定值为横坐标 x,参比方法测定值为纵坐标 y,作图。线性回归方程如式(A.3)。

$$y = ax + b \quad \cdots\cdots (A.3)$$

该线性回归方程的剩余标准差以 S 计,数值以质量分数(%)表示,按式(A.4)计算。

$$S = \sqrt{\frac{\sum [y_i - (ax_i + b)]^2}{n-1}} \quad \cdots\cdots (A.4)$$

式中:

y_i——第 i 次参比方法测定值,单位为质量分数(%);

x_i——第 i 次仪器测定值,单位为质量分数(%);

n ——测定次数。

A.3.1.4 校准有效性的确认

剩余标准差 S 应不大于 0.06%；否则，应重新校准。

A.3.2 期间核查

A.3.2.1 期间核查周期

仪器校准状态期间核查的周期为 3 个月。当发生下列情况之一时，应随时进行期间核查：

a) 参比方法修订；

b) 牛乳红外光谱仪的主要部件，包括样品池、均质器、光学部件等进行维修或更换；

c) 牛乳红外光谱仪稳定性日检查发生异常。

A.3.2.2 分析步骤

选 n 个(≥6)试样，分析步骤同 A.1.4。

A.3.2.3 校准有效性的确认

期间核查结果应同时满足以下条件，否则应重新校准：

a) n 个(≥6)试样的仪器测定值和参比方法测定值之差的算术平均值不超过 $0.2/n^{1/2}$；

b) n 个(≥6)试样的仪器测定值和参比方法测定值之差的标准差不超过 0.1%。

附　录　B
（规范性附录）
仪器稳定性日检查

B.1　质控样制备和贮存

B.1.1　质控样制备

B.1.1.1　取超高温灭菌乳，制成若干份质控样，用于质控图制作及一个或数个工作日的仪器稳定性的检查。

B.1.1.2　检查均匀度：按5%随机抽出质控样，用红外光谱仪作一系列单项测定，计算各项测定值的标准差。标准差均低于0.02%，表明均匀性合格；否则，应重新制备。

B.1.2　质控样贮存

可按6.2或6.3加入防腐剂，4℃条件下保存使用不超过2周。

B.2　质控样测定

B.2.1　制图：在重复性条件下，按第7章规定的方法测定，获得不少于20次的质控样测定结果。

B.2.2　日检查质控样：每个工作日，每测定20个～100个样品后，应测定一个质控样。

B.3　质控图制作

B.3.1　横坐标

质控样测定次数。

B.3.2　纵坐标

参比方法测定值 m_0。

B.3.3　上下个体线

参比方法测定值加/减个体值的置信值（$m_0 \pm I_c$）为起点，沿横坐标方向，水平画2条直线。

置信水平99%的个体值的置信值以 I_c 计，数值以质量分数（%）表示，按式（B.1）计算。

$$I_c = 5.16 \times S_r \tag{B.1}$$

式中：

S_r——重复性条件下测定定标质控样结果的标准差，单位为质量分数（%）。

注：若实验要求更严，宜选用95%置信水平，则将式（B.1）中的5.16改为3.92计算。

B.3.4　上下置信带

参比方法测定值加/减累积测定平均值的置信值（$m_0 \pm M_c$），对应测定次数描点，连接各点画2条弧线。

置信水平99%的累积测定平均值的置信值以 M_c 计，数值以质量分数（%）表示，按式（B.2）计算。

$$M_c = \frac{I_c}{\sqrt{n}} \tag{B.2}$$

式中：

I_c——置信水平99%的个体值的置信值，单位为质量分数（%）；

n——质控样测定次数。

B.3.5　日检查质控样绘制

B.3.5.1　将日检查质控样个体测定值以"·"形式标在相应次数的测定值上，依次以"———"连接。

B.3.5.2　将日检查质控样累积测定平均值以"×"形式标在相应次数的测定值上，依次以"———"连接。

B.3.6　质控图示例

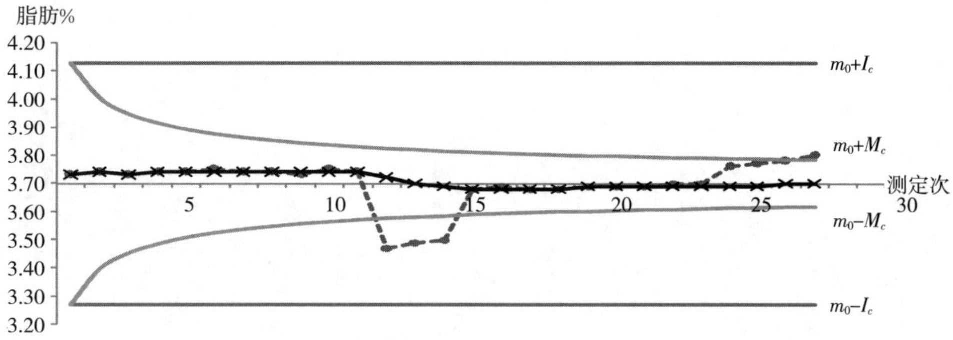

图 B.1　质控图示例

B.4　质控结果判断

B.4.1　个体测定值在上、下个体线内表明合格，否则不合格。

B.4.2　累积测定平均值在上、下置信带内表明合格，否则不合格。

B.4.3　若连续两个累积测定平均值处于同一(上或下)置信带之外，说明仪器发生飘移。此时，它们的个体测定值的偏离方向相同。

B.4.4　若个体测定值有3个或4个处于2条个体线附近或之外，说明质控样质量不佳，使仪器重复性变差。

B.5　质控措施

B.5.1　首先检查质控样质量，用同一批次未开包装的质控样测定至少3次。若测定结果在质控图上表明不合格，则说明质控样质量不佳，按B.1制备新的质控样，更换旧的，且重新制作质控图。

B.5.2　若按B.5.1检查的质控样没问题，则按A.2测定样品池清洗效率。若清洗效率达不到标准要求，则应该清洗样品池或更换。重新测定质控样3次，若结果处于质控图限度之内，则仪器调零补偿飘移，继续测定。

B.5.3　若仪器调零后测定值又处于质控图限度之外，则停止运行，重新校准，且重新制作质控图。

ICS 65.020.30
B 43

NY

中华人民共和国农业行业标准

NY/T 2660—2014

肉牛生产性能测定技术规范

Technical specification of beef cattle performance test

2014-10-17 发布　　　　2015-01-01 实施

中华人民共和国农业部　发布

前　言

本标准按照 GB/T 1.1—2009 给出的规则起草。

本标准由农业部畜牧业司提出。

本标准由全国畜牧业标准化技术委员会(SAC/TC 274)归口。

本标准起草单位:中国农业科学院北京畜牧兽医研究所、全国畜牧总站。

本标准主要起草人:李俊雅、高雪、刘海良、孙飞舟、高会江、张路培、袁峥嵘、李姣。

肉牛生产性能测定技术规范

1 范围

本标准规定了肉牛主要生产性能测定的性状与方法。

本标准适用于肉牛生产与经营中的性能测定。

2 规范性引用文件

下列文件对于本文件的应用是必不可少的。凡是注日期的引用文件，仅注日期的版本适用于本文件。凡是不注日期的引用文件，其最新版本(包括所有的修改单)适用于本文件。

GB/T 9695.7 肉与肉制品 总脂肪含量测定

NY/T 676 牛肉等级规格

NY/T 1180 肉嫩度的测定 剪切力测定法

3 术语和定义

下列术语和定义适用于本文件。

3.1

肉牛 beef cattle

以肉用为主的牛。

3.2

性能测定 performance test

对肉牛个体经济性状的表型值进行评定的过程。

3.3

空腹重 empty weight

早晨未进食前的体重。

3.4

肌肉脂肪含量 intramuscular fat content

眼肌肌肉内脂肪含量百分比。

3.5

饲料转化率 feed conversion efficiency

单位增重所消耗的精饲料，通常以料重比表示。

4 测定内容

4.1 生长发育性状

初生、6月龄(断奶)、12月龄、18月龄、24月龄、36月龄等月龄段的体重及体尺性状。

4.2 肥育性状

育肥始重、育肥终重、育肥期日增重、饲料转化率。

4.3 胴体性状

宰前重、胴体重、胴体等级、屠宰率、净肉率、骨肉比、眼肌面积、背膘厚。

4.4 肉质性状

肉色、脂肪颜色、大理石花纹、剪切力值、肌肉脂肪含量、pH、滴水损失。

5 生长发育性状测定

5.1 体尺

5.1.1 测定指标及方法

5.1.1.1 体高(也称鬐甲高)

鬐甲最高点到地面的垂直距离,单位为厘米(cm)。

5.1.1.2 体斜长

由肩端前缘至同侧臀端的直线距离,单位为厘米(cm)。

5.1.1.3 胸围

肩胛骨后缘处体躯的垂直周径,单位为厘米(cm)。

5.1.1.4 腹围

于十字部(髋结节)前缘测量腹部最大处的垂直周径,单位为厘米(cm)。

5.1.1.5 管围

绕左前肢管部上 1/3 最细处的周径,单位为厘米(cm)。

5.1.1.6 坐骨端宽

坐骨端外缘的直线距离,单位为厘米(cm)。

5.1.2 测定要求

5.1.2.1 测量用具

测量体高、体斜长用测杖;测量胸围、管围和腹围用软尺;测量坐骨端宽用盆测器。测量用具在测量前应加以校正。

5.1.2.2 被测牛只姿势

测量体尺时,使牛自然端正地站在平坦、坚实的地面上,头部前伸。

5.2 体重

测定 6 月龄(断奶)、12 月龄、18 月龄、24 月龄、36 月龄等月龄体重时,连续测定空腹重 2 d,取其平均值。犊牛出生后未吃初乳时测定初生重。测定时,要求用灵敏度≤0.1 kg 的磅秤称量,单位为千克(kg),保留一位小数。

6 肥育性状测定

6.1 育肥始重

预饲期结束,开始正式育肥时,用灵敏度≤0.1 kg 磅秤称量育肥牛的空腹重,记录结果,单位为千克(kg),保留一位小数。

6.2 育肥终重

育肥期结束时,用灵敏度≤0.1 kg 磅秤称量育肥牛的空腹重,记录结果,单位为千克(kg),保留一位小数。

6.3 育肥期日增重

按式(1)计算,结果保留一位小数。

$$FDG = \frac{W_2 - W_1}{n} \quad (1)$$

式中:

FDG ——育肥期日增重,单位为千克每天(kg/ d);

W_1 ——育肥始重,单位为千克(kg);

W_2 ——育肥终重,单位为千克(kg);
n ——育肥天数,单位为天(d)。

6.4 饲料转化率

测定开始时,称量被测牛的空腹重;测定期内,每天称量被测牛的精饲料采食量,并记录结果;测定结束时,称量其空腹重;然后,按式(2)计算。测定时,被测牛应单槽饲喂,粗饲料自由采食;测量用具要求用灵敏度≤0.1 kg 磅秤,结果保留一位小数。

$$FCR = \frac{\sum_{i=1}^{n} X_i}{W_4 - W_3} \quad (2)$$

式中:
FCR ——饲料转化率;
X_i ——第 i 天的精料采食量,单位为千克(kg);
n ——测定的天数,单位为天(d);
W_3 ——测定开始时被测牛重,单位为千克(kg);
W_4 ——测定结束时被测牛重,单位为千克(kg)。

7 胴体性状测定

7.1 宰前重

宰前禁食 24 h 后,用灵敏度≤0.1 kg 磅秤称量牛的活重,记录结果,单位为千克(kg),保留一位小数。

7.2 胴体重

宰后剥皮、去头、内脏,劈半后、冲洗前,用灵敏度≤0.1 kg 磅秤称量胴体重量,记录结果,单位为千克(kg),保留一位小数。

7.3 屠宰率

按式(3)计算,结果保留一位小数。

$$DP = \frac{W_6}{W_5} \times 100 \quad (3)$$

式中:
DP ——屠宰率,单位为百分率(%);
W_5 ——宰前重,单位为千克(kg);
W_6 ——胴体重,单位为千克(kg)。

7.4 净肉率

胴体剔骨后,用灵敏度≤0.1 kg 磅秤称量全部肉重,记录结果,单位为千克(kg);然后按式(4)计算,结果保留一位小数。

$$MP = \frac{W_7}{W_5} \times 100 \quad (4)$$

式中:
MP ——净肉率,单位为百分率(%);
W_5 ——宰前重,单位为千克(kg);
W_7 ——净肉重,单位为千克(kg)。

7.5 肉骨比

胴体剔骨后,用灵敏度≤0.1 kg 磅秤称量全部骨头重,记录结果,单位为千克(kg);然后按式(5)计算,结果保留一位小数。剔骨时,要求骨头带肉不超过 2 kg~3 kg。

$$MBR = \frac{W_7}{W_8} \times 100 \quad (5)$$

式中：

MBR ——肉骨比，单位为百分率(%)；

W_7 ——净肉重，单位为千克(kg)；

W_8 ——骨重，单位为千克(kg)。

7.6 眼肌面积

7.6.1 宰前

屠宰前，利用超声波活体测膘仪测定，具体测定方法见附录A。

7.6.2 宰后

屠宰后，取左半胴体，将第12肋～第13肋间处的眼肌垂直切断，用方格透明卡片直接计算出眼肌面积(每一小格为1 cm^2)，单位为平方厘米(cm^2)。

7.7 背膘厚

7.7.1 宰前

屠宰前，利用超声波活体测膘仪测定，具体测定方法见附录A。

7.7.2 宰后

屠宰后，取左半胴体第12肋～第13肋间眼肌横切面，从靠近脊柱一端起，在眼肌长度的3/4处，垂直于外表面测量背膘厚度，单位为厘米(cm)。

7.8 胴体等级

按照NY/T 676的规定执行。

8 肉质性状测定

8.1 肉色、脂肪颜色、大理石花纹

测定部位均为第12肋～第13肋间的眼肌横切面，测定方法按照NY/T 676的规定执行。

8.2 剪切力值

取第12肋～第13肋间眼肌，剔除眼肌周围的脂肪和筋膜，沿平行于眼肌横切面的方向，切厚度为3 cm～4 cm整块肉样后，按照NY/T 1180的规定执行。

8.3 肌肉脂肪含量

8.3.1 宰前

屠宰前，利用超声波活体测膘仪活体测定，具体方法见附录A。

8.3.2 宰后

屠宰后，取第12肋～第13肋间眼肌，剔除眼肌周围的脂肪和筋膜，沿平行于眼肌横切面的方向，切厚度约为0.5 cm的肉样2片～3片混合成一份样品，每份样品取样为50 g～150 g，测定方法按照GB/T 9695.7的规定执行。

8.4 pH

屠宰后45 min～60 min内，将pH测定仪探头插入胴体四分体第12肋～第13肋间背最长肌内，待读数稳定5 s以上，记录结果。胴体在0℃～4℃下冷却24 h后，再测一次，并记录。

8.5 滴水损失

宰后2 h，取第12肋～第13肋间处眼肌，剔除眼肌外周的脂肪和筋膜，顺肌纤维走向修成长宽高为5 cm×3 cm×2 cm的肉条，称重。用细铁丝钩住肉条的一端，使肌纤维垂直向下，悬挂于食品袋中央(避免肉样与食品袋壁接触)；然后用棉线将食品袋口与吊钩一起扎紧，在0℃～4℃条件下吊挂24 h后，取出肉条并用滤纸轻轻拭去肉样表层汁液后称重，并按式(6)计算。

$$DL = \frac{W_9 - W_{10}}{W_9} \times 100 \cdots\cdots (6)$$

式中：

DL ——滴水损失，单位为百分率(%)；

W_9 ——吊挂前肉条重，单位为千克(kg)；

W_{10}——吊挂后肉条重，单位为千克(kg)。

9 性能测定报告

测定结束后，编写测定报告。具体格式见附录 B。

附 录 A
(规范性附录)
超声波活体测定方法

A.1 仪器名称

兽用B超仪。

A.2 设备组成

主机、超声波探头及连接线、台车、耦合剂或植物油。

A.3 测量项目

肌肉脂肪含量、眼肌面积、背膘厚。

A.4 测量操作流程

A.4.1 将待测牛绑定在保定架内。

A.4.2 用牛体毛刷刷拭第12肋～第13肋间测定部位(图A.1)的牛毛，并涂抹耦合剂或色拉油。

A.4.3 用超声波探头平行按压在牛体左侧第12肋～第13肋间脊柱侧下方(测定部位见图A.2中a)，直至超声波扫描仪主机出现清晰的图像(图A.3)，然后利用主机软件计算肌肉脂肪含量(QIB指数)。

A.4.4 用超声波探头垂直按压在牛体左侧第12肋～第13肋间脊柱侧下方约5 cm处测定(测定部位见图A.2中b)，直至超声波扫描仪主机出现清晰的牛眼肌轮廓和大理石花纹(图A.4)，然后利用主机软件计算眼肌面积和背膘厚。

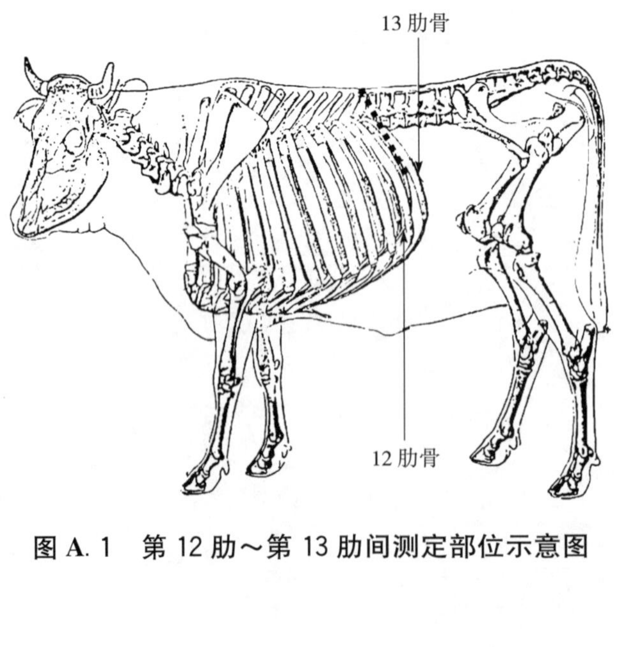

图A.1 第12肋～第13肋间测定部位示意图

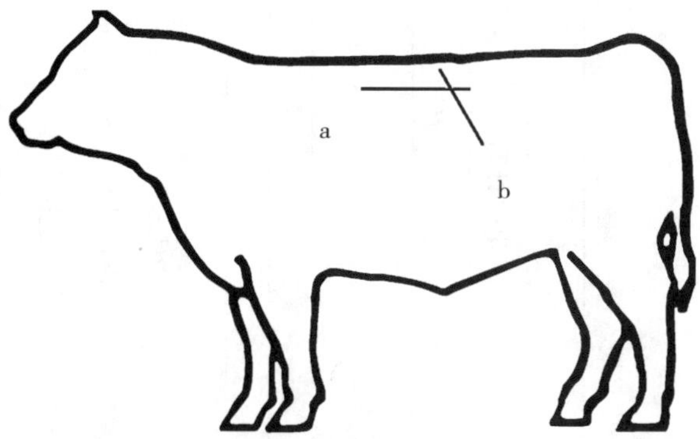

说明：

a——肌肉脂肪含量；

b——眼肌面积和背膘厚。

图 A.2　肉牛超声波活体测定部位

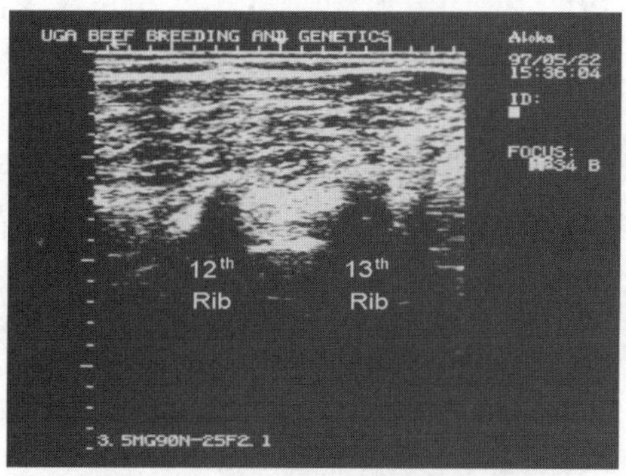

图 A.3　肌肉脂肪含量扫描图

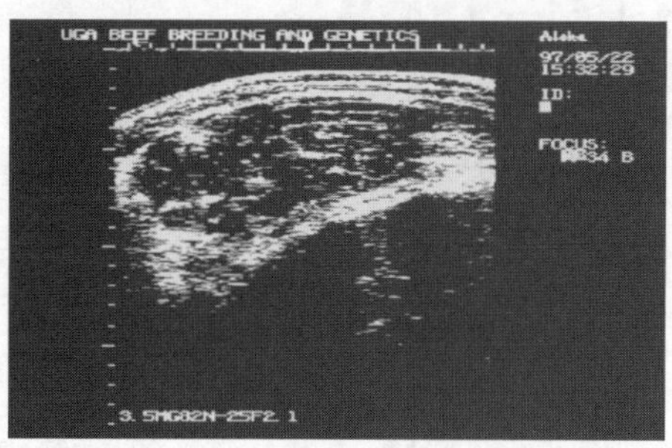

图 A.4　眼肌面积及背膘厚扫描图

A.5　注意事项

A.5.1　操作人员应有 1 年～2 年的超声波活体测定经验。

A.5.2　牛只应自然端正地站在平坦、坚实的地面上，头部前伸。

A.5.3　测定部位应刷拭干净，涂抹足量的耦合剂或色拉油。

A.5.4　超声波探头应紧贴牛的皮肤。

附　录　B
（规范性附录）
肉牛个体性能测定记录表

肉牛个体性能测定记录表见表 B.1。

表 B.1　肉牛个体性能测定记录表

测定机构（签章）：＿＿＿＿＿＿＿＿　负责人：＿＿＿＿＿＿＿＿　报告日期：＿＿＿＿＿＿＿＿

来　源			现所属场站	
耳标号		登记号		出生日期	
性　别		各品种血统比例		是否多胎	

体重测量					
初生重，kg	6 月龄重，kg	12 月龄重，kg	18 月龄重，kg	24 月龄重，kg	36 月龄重，kg

谱　系			
亲代信息	登记号	出生日期	备注
父亲			
母亲			
祖父			
祖母			
外祖父			
外祖母			

体尺测量						
测定日期	体高，cm	体斜长，cm	胸围，cm	腹围，cm	管围，cm	坐骨端宽，cm

超声波活体测定				
测定日期	背膘厚，cm	眼肌面积，cm^2	大理石花纹	肌肉脂肪含量，%

肥育性状测定			
育肥始重，kg	育肥终重，kg	育肥期日增重，kg	饲料转化率

胴体性状测定						
胴体重，kg	胴体等级	屠宰率，%	净肉率，%	肉骨比，%	背膘厚，cm	大理石花纹

肉质性状测定				
剪切力值，N	肉色	脂肪颜色	pH	滴水损失，%

ICS 65.020.30
B 43

NY

中华人民共和国农业行业标准

NY/T 2661—2014

标准化养殖场　生猪

Standardization farm—Swine

2014-10-17 发布　　2015-01-01 实施

中华人民共和国农业部　发布

前　　言

本标准按照 GB/T 1.1—2009 给出的规则起草。

本标准由农业部畜牧业司提出。

本标准由全国畜牧业标准化技术委员会(SAC/TC 274)归口。

本标准起草单位:中山大学、全国畜牧总站。

本标准主要起草人:刘小红、陈瑶生、刘长春、杨军香、肖书奇、黄萌萌、薛明。

标准化养殖场　生猪

1　范围

本标准规定了标准化生猪养殖场的基本要求、选址与布局、生产设施设备、管理与防疫、废弃物处理和生产水平等。

本标准适用于商品肉猪规模养殖场的标准化生产。

2　规范性引用文件

下列文件对于本文件的应用是必不可少的。凡是注日期的引用文件，仅注日期的版本适用于本文件。凡是不注日期的引用文件，其最新版本(包括所有的修改单)适用于本文件。

GB/T 17824.1　规模猪场建设

GB 18596　畜禽养殖业污染物排放标准

NY/T 1168　畜禽粪便无害化处理技术规范

NY/T 1334　畜禽粪便安全使用准则

NY 5027　无公害食品　畜禽饮用水水质

中华人民共和国主席令 2005 年第 45 号　中华人民共和国畜牧法

中华人民共和国农业部令 2006 年第 67 号　畜禽标识和养殖档案管理办法

中华人民共和国农业部公告第 168 号　饲料药物添加剂使用规范

中华人民共和国农业部公告第 1521 号　中华人民共和国兽药典

中华人民共和国农业部公告第 1773 号　饲料原料目录

3　术语与定义

下列术语与定义适用于本文件。

3.1

能繁母猪　breeding sows

首次接受配种至淘汰的母猪，包括空怀母猪、妊娠母猪和哺乳母猪。

3.2

两点式布局　two-site production system

种猪区与保育生长育肥区分开，两区相距 500 m 以上，生产管理相对独立。

3.3

三点式布局　three-site production system

种猪区、保育区、生长育肥区均分开，各区之间相距 500 m 以上，生产管理相对独立。

3.4

后备猪隔离适应舍　gilt isolation and adaptation house

用于新引进后备猪进入生产群前进行隔离、适应的栏舍，离生产区 500 m 以上，且具有独立的通风、排污设施。

4　基本要求

4.1　场址不应位于中华人民共和国主席令 2005 年第 45 号规定的禁止区域，并符合相关法律法规及土地利用规划。

4.2 具有动物防疫条件合格证。

4.3 在县级人民政府畜牧兽医行政主管部门备案，取得畜禽标识代码。

4.4 年出栏商品肉猪1 000头以上。

5 选址与布局

5.1 距离生活饮用水源地、居民区、畜禽屠宰加工、交易场所和主要交通干线500 m以上，其他畜禽养殖场1 000 m以上。动物防疫条件良好。

5.2 水源充足，水质符合NY 5027的规定，供电稳定。

5.3 自繁自养场每头能繁母猪占地面积40 m^2以上；专业育肥场每头商品猪占地面积2 m^2以上。

5.4 生活区、生产区、污水处理区与病死猪无害化处理区分开，各区相距50 m以上。

5.5 出猪台与生产区保持严格隔离状态。

5.6 净道与污道分开，雨水与污水分离，污水应采用暗沟排入污水处理区，污水处理区应配备防雨设施。

5.7 宜采用两点、三点式布局。

6 设施设备

6.1 生产设施

6.1.1 自繁自养猪场每头能繁母猪应配套猪舍12 m^2以上，仔猪繁育场每头能繁母猪应配套猪舍5.5 m^2以上，专业育肥场每头存栏猪应配套猪舍0.8 m^2以上。

6.1.2 自繁自养猪场和仔猪繁育场宜配备独立的后备猪隔离适应舍。

6.1.3 猪舍功能上可区分为配种妊娠舍、分娩舍、保育舍、生长育肥舍；或配种妊娠舍、分娩舍、保育—育肥一体舍。

6.2 设施设备

6.2.1 每100头能繁母猪配备24个分娩床。

6.2.2 应配备相应的通风换气与降温、保暖设备。

6.2.3 应配备饲料、药物、疫苗等不同类型投入品的储藏场所或设施，符合相应的储藏条件。

6.2.4 应配备猪只专用的饮水系统，饲料输送宜安装自动输送设备。

6.3 防疫设施

6.3.1 猪场周围应建设防疫隔离带，可采用围墙、铁丝网等。

6.3.2 场区入口应配备车辆、人员消毒设施，生产区入口应有更衣、消毒室，猪舍门口应有消毒设施。

6.3.3 应有预防鼠害、鸟害等设施，可采用碎石带、防鸟网等方式。

6.3.4 应配备满足器械消毒、药品稀释、病死猪解剖等需要的兽医场所。

6.3.5 兽药、饲料药物添加剂、消毒剂等的使用应符合中华人民共和国农业部公告第1521号和中华人民共和国农业部公告第168号的规定，饲料原料应符合中华人民共和国农业部第1773号的规定。

6.4 废弃物处理设施

6.4.1 有固定的防雨、防渗漏、防溢流的粪储存场所。

6.4.2 应配备焚尸炉、化尸池、生物发酵池等病死猪无害化处理设施。

7 管理与防疫

7.1 制度建设

应有生产管理、投入品使用、卫生防疫等管理制度，制订不同阶段生猪生产技术操作规程，并在相应位置公示。

7.2 技术人员

具备1名以上畜牧兽医专业的人员，或有专业技术人员提供稳定的技术服务。

7.3 引种来源

种猪应来源于具有种畜禽生产经营许可证的种猪场，并保留种畜禽生产经营许可证复印件、动物检疫合格证和车辆消毒证明。

7.4 档案管理

7.4.1 根据中华人民共和国农业部令2006年第67号的要求，养殖场应有养殖档案，包括品种、数量、繁殖记录、标识、进出场情况；投入品来源、名称、使用对象、时间和用量等情况；检疫、免疫、监测、消毒情况；发病、诊疗、死亡和无害化处理情况。

7.4.2 自繁自养猪场和仔猪繁育场母猪繁殖记录卡应清晰可辨，包括配种、预产日期、分娩、总产仔数、活产仔数、寄养情况等信息。

7.4.3 应建立防疫档案，包括养殖场名称、地址、畜禽种类、数量、免疫日期、疫苗名称、养殖代码、标识顺序号、免疫人员以及用药记录等。

7.4.4 应建立员工培训计划和培训档案。

7.4.5 应建立设备使用、维护档案。

7.4.6 档案应保存3年以上。

7.5 防疫管理

7.5.1 进入生产区应严格执行更衣、冲洗，不应将生活区的衣物带入生产区，并建立相应记录。

7.5.2 宜根据抗体监测结果制订免疫计划，并建立相应记录。

8 废弃物处理

8.1 粪污应发酵或经其他无害化处理，排放应符合GB 18596的规定。

8.2 根据养殖规模、清粪方式和当地自然地理条件设计粪污无害化处理工艺，可选择达标排放技术模式或综合利用技术模式；土地紧张、无足够农田消纳粪污的地区宜采用达标排放技术模式；具备可利用污水的地区宜采用综合利用技术模式。

8.3 干粪堆肥发酵后，可用于农作物种植。粪污综合利用前，应符合NY/T 1334的规定。

8.4 病死猪采取焚烧、化尸池生物处理等方式进行无害化处理，病死猪不应随处露天堆放或抛弃。

8.5 场区整洁，垃圾应合理收集、及时清理。

9 生产水平

9.1 引进猪种

9.1.1 平均每头母猪年提供断奶仔猪数应大于18头。

9.1.2 仔猪出生至100 kg体重日龄均值应小于175 d。

9.2 含地方猪血缘的杂交猪

9.2.1 平均每头母猪年提供断奶仔猪数应大于18头。

9.2.2 仔猪出生至90 kg体重日龄均值应小于220 d。

ICS 65.020.30
B 43

NY

中华人民共和国农业行业标准

NY/T 2662—2014

标准化养殖场　奶牛

Standardization farm—Dairy cattle

2014-10-17 发布　　2015-01-01 实施

中华人民共和国农业部　发布

前　言

本标准按照 GB/T 1.1—2009 给出的规则起草。

本标准由农业部畜牧业司提出。

本标准由全国畜牧业标准化技术委员会(SAC/TC 274)归口。

本标准起草单位:中国农业大学、山东农业大学、河北农业大学、中博农畜牧科技股份有限公司。

本标准主要起草人:李胜利、曹志军、都文、王中华、李建国、张定宏、张晓明。

标准化养殖场　奶牛

1　范围

本标准规定了奶牛标准化养殖场的基本要求、选址与布局、生产设施与设备、管理与防疫、废弃物处理、生产水平和质量安全等。

本标准适用于奶牛规模养殖场的标准化生产。

2　规范性引用文件

下列文件对于本文件的应用是必不可少的。凡是注日期的引用文件，仅注日期的版本适用于本文件。凡是不注日期的引用文件，其最新版本（包括所有的修改单）适用于本文件。

GB/T 3157　中国荷斯坦牛

GB 5749　生活饮用水卫生标准

GB 16548　病害动物和病害动物产品生物安全处理规程

GB 16568　奶牛场卫生规范

GB 19301　食品安全国家标准　生乳

GB 50039　农村防火规范

NY/T 34　奶牛饲养标准

NY/T 388　畜禽场环境质量标准

NY 5030　无公害食品　畜禽饲养兽药使用准则

NY 5032　无公害食品　畜禽饲料和饲料添加剂使用准则

中华人民共和国主席令 2005 年第 45 号　中华人民共和国畜牧法

中华人民共和国主席令 2007 年第 71 号　中华人民共和国动物防疫法

中华人民共和国国务院令 2008 年第 536 号　乳品质量安全监督管理条例

中华人民共和国农业部令 2006 年第 67 号　畜禽标识和养殖档案管理办法

中华人民共和国农业部令 2008 年第 15 号　生鲜乳生产收购管理办法

中华人民共和国农业部公告第 1773 号　饲料原料目录

中华人民共和国农业部农办牧[2008]3 号　奶牛标准化规模养殖生产技术规范

中华人民共和国农业部农办牧[2011]13 号　生鲜乳生产收购和进货查验制度

3　术语和定义

下列术语和定义适用于本文件。

3.1

自由散栏饲养　free stall

牛舍内设有卧栏，奶牛可以自由采食、饮水、躺卧或在舍内外活动，并与挤奶厅集中挤奶、TMR 日粮相结合的一种饲养工艺。

4　基本要求

4.1　场址不应位于中华人民共和国主席令 2005 年第 45 号规定的禁止区域，并符合相关法律法规及土地利用规划。

4.2　具有动物防疫条件合格证。

4.3 在县级人民政府畜牧兽医行政主管部门备案，取得畜禽标识代码。

4.4 混合群存栏 200 头以上。

5 选址与布局

5.1 选址

5.1.1 距离生活饮用水源地、居民区、主要交通干线、畜禽屠宰加工和畜禽交易场所 500 m 以上，其他畜禽养殖场 1 000 m 以上。

5.1.2 应建在土质坚实、透气性好、地势高燥、通风良好、远离噪音、电力供应稳定、交通便利的区域，不宜建在风口处。

5.1.3 水源稳定、取用方便，水质应符合 GB 5749 的规定。

5.1.4 综合考虑当地气象因素，场区空气环境质量应符合 NY/T 388 的规定。

5.2 布局

5.2.1 奶牛场包括生活办公区、饲草饲料区、生产区、粪污处理区和病畜隔离区等功能区。

5.2.2 场区入口处设有人员消毒室和车辆消毒池等防疫设施。

5.2.3 生活办公区与生产区严格分开，位于生产区的上风向，间距 50 m 以上。

5.2.4 饲草饲料区紧靠生产区布置，设在生产区边沿下风地势较高处。干草区、精料区、饲料加工调制车间符合消防要求。

5.2.5 生产区设在场区的下风位置，入口处设人员消毒室和更衣室。犊牛舍、育成(青年)牛舍、泌乳牛舍、干奶牛舍、特需牛舍布局合理，保持适当距离。泌乳牛舍应靠近挤奶厅。

5.2.6 粪污处理区与生产区严格分开，间距 50 m 以上。

5.2.7 病牛隔离区主要包括兽医室、隔离牛舍。设在生产区外围下风地势低处，远离生产区。

5.2.8 场区设有防疫隔离带，环境整洁，净道和污道严格分开。

6 生产设施与设备

6.1 牛舍

6.1.1 地面要求致密坚实，有防滑措施。

6.1.2 牛舍建设应满足隔热、保温、通风和采光的要求，结构坚固结实、抗震、防腐、防火，能抵抗暴雨暴雪、八级以上强风等外力因素的影响。

6.1.3 配置降温(夏)防寒(冬)设施。

6.1.4 卧栏应有 2%～4%的坡度。采用自由散栏饲养的牛舍建筑面积，成母牛 10 m^2/头以上，青年牛 8 m^2/头以上，育成牛 6 m^2/头以上，犊牛 2 m^2/头以上。

6.1.5 设置产房，配置产栏，产栏面积 16 m^2/头以上。

6.2 运动场

6.2.1 各阶段奶牛运动场面积和凉棚面积见表 1。

表 1 各阶段奶牛运动场面积和凉棚面积

阶段	运动场面积，m^2/头	凉棚面积，m^2/头
成年牛	≥25	≥8
青年牛	≥20	≥5
育成牛	≥15	≥5
犊　牛	≥8	—

6.2.2 运动场地面保持坡度，排水通畅，设置饮水设施。

6.2.3 运动场周围设有围栏。

6.3 挤奶厅

6.3.1 有与奶牛存栏量相配套的挤奶机械、输奶管道。

6.3.2 挤奶厅有机房、牛奶制冷间、热水供应系统和办公室。

6.3.3 挤奶厅待挤区能容纳一次挤奶头数2倍的奶牛。

6.3.4 输奶管存放良好、无存水。收奶区排水良好，地面硬化处理，墙壁防水处理，便于冲刷。

6.4 场区设施与设备

6.4.1 应有青贮窖池、干草棚、精料库等饲料加工与储存设施。设有粉碎机、搅拌机等相应的加工设备。

6.4.2 供水、供电设施设备齐全，满足生产需要。

6.4.3 场内消防设施应符合GB 50039的规定。

6.4.4 配置生产所需要的兽医诊断等基本仪器设备。

6.4.5 设有称重装置、保定架和装(卸)牛台等设施。

6.4.6 设有与养殖规模相适应的粪污储存与处理设施，有固定的粪便储存、堆放场所和设施，储存场所有防雨、防止粪液渗漏、溢流措施。

6.4.7 设有病死牛只处理设施。

7 管理与防疫

7.1 饲养管理

7.1.1 饲料与日粮配制

7.1.1.1 饲料原料应符合中华人民共和国农业部公告第1773号的规定。

7.1.1.2 饲料及饲料添加剂的使用应符合NY 5032的规定。

7.1.1.3 根据NY/T 34的规定，科学设计日粮配方。

7.1.1.4 有饲料采购和供应计划，日粮组成和配方记录，常用饲料常规性营养成分分析检测记录。

7.1.2 饲养工艺

7.1.2.1 符合中华人民共和国农业部农办牧[2008]3号的规定。

7.1.2.2 1月龄内犊牛单栏饲养，1月龄后不同生长阶段采用分群饲养。

7.1.2.3 根据不同生长和泌乳阶段制定的饲养规范实施，并记录存档。

7.1.2.4 采用全混合日粮(TMR)饲喂设备的牛场，配置TMR质量检测的必要设备。

7.1.3 育种与繁殖

7.1.3.1 系谱记录符合GB/T 3157的规定，有电子或纸质档案。

7.1.3.2 参加生产性能测定(DHI)，有规范的生产性能测定记录，并进行技术分析。

7.1.3.3 有年度繁殖计划、技术指标、实施记录和技术统计材料。

7.2 疫病防制

7.2.1 疫病防控

7.2.1.1 根据中华人民共和国主席令2007年第71号的规定，制订疫病监测方案。

7.2.1.2 按规定进行预防接种。有口蹄疫等国家规定疫病的免疫接种计划和实施记录。对结核病、布鲁氏菌病等传染性疾病进行定期监测，有监测记录和处理记录。

7.2.1.3 从外购进奶牛时，应检疫合格，并在隔离区隔离、观察、处理。

7.2.2 常见病防治

7.2.2.1 有预防、治疗常见疾病的规程。

7.2.2.2 有定期修蹄和肢蹄保健设施，定期消毒，并有相关记录。

7.2.2.3 有乳房炎防治计划和实施方案。

7.2.3 兽药使用

7.2.3.1 符合 NY 5030 的规定。

7.2.3.2 有完整兽药使用记录，包括药品来源、使用对象、使用时间和用量。

7.3 挤奶管理

7.3.1 基本要求

7.3.1.1 生鲜乳生产、储存、运输和销售符合中华人民共和国国务院令 2008 年第 536 号、中华人民共和国农业部令 2008 年第 15 号、中华人民共和国农业部农办牧[2011]13 号的有关规定。奶牛场卫生条件应符合 GB 16568 的规定。

7.3.1.2 设有生鲜乳收购站的应有生鲜乳收购许可证，生鲜乳运输车应有《生鲜乳准运证明》，并应提供《生鲜乳交接单》。

7.3.2 挤奶操作

7.3.2.1 有挤奶操作制度。符合中华人民共和国农业部农办牧[2008]3 号的规定。

7.3.2.2 挤奶场地保持清洁卫生，挤奶工服装整洁。

7.3.2.3 挤奶前、后 2 次药浴，一头牛用一块毛巾(或一张纸巾)擦干乳房与乳头，将前三把奶挤到带有网状栅栏的容器中，观察牛奶的颜色和形状。

7.3.2.4 产非正常生鲜乳(包括初乳、含抗生素乳等)奶牛安排到最后挤奶，并有产非正常鲜乳奶牛信息和牛奶的处理记录。

7.3.2.5 储奶厅有储奶罐和冷却设备，牛奶挤出后应在 2 h 内冷却到 0℃～4℃。

7.3.2.6 输奶管、计量罐、奶杯和其他管状物按规程清洁并正常维护。按检修规程检修挤奶机，有检修记录。有挤奶器内衬等橡胶件的更换记录。大奶罐保持经常性关闭。

7.4 从业人员管理

7.4.1 有 1 名以上畜牧兽医专业技术人员，或有专业技术人员提供稳定的技术服务。

7.4.2 从业人员应有县级以上医院出具的身体健康证明。

7.5 档案管理

按照中华人民共和国农业部令 2006 年第 67 号的要求建立养殖档案。对日常生产、活动等进行记录。

8 废弃物处理

8.1 粪污处理采用农田利用、堆肥和沼气处理等方式，达到无害化处理，资源化利用。

8.2 病死牛只处理应符合 GB 16548 的规定。

8.3 场区整洁，垃圾合理收集、及时清理。

9 生产水平及质量安全

9.1 生鲜乳质量安全应符合 GB 19301 的规定。

9.2 泌乳牛年均单产高于 6 000 kg，以 DHI 测定记录为依据。

ICS 65.020.30
B 43

NY

中华人民共和国农业行业标准

NY/T 2663—2014

标准化养殖场　肉牛

Standardization farm—Beef cattle

2014-10-17 发布　　2015-01-01 实施

中华人民共和国农业部 发布

前　　言

本标准按照 GB/T 1.1—2009 给出的规则起草。

本标准由农业部畜牧业司提出。

本标准由全国畜牧业标准化技术委员会(SAC/TC 274)归口。

本标准起草单位:中国农业大学、吉林农业大学、泌阳县夏南牛科技开发有限公司、山东绿润食品有限公司。

本标准主要起草人:刘继军、陈昭辉、娄玉杰、吴中红、王美芝、祁兴磊、左秀峰。

标准化养殖场　肉牛

1　范围

本标准规定了肉牛标准化肥育场的基本要求、选址与布局、生产设施与设备、管理与防疫、废弃物处理和生产水平等。

本标准适用于肉牛规模肥育场的标准化生产。

2　规范性引用文件

下列文件对于本文件的应用是必不可少的。凡是注日期的引用文件，仅注日期的版本适用于本文件。凡是不注日期的引用文件，其最新版本(包括所有的修改单)适用于本文件。

GB 16548　病害动物和病害动物产品生物安全处理规程

GB 50039　农村防火规范

GBJ 52　工业与民用供电系统设计规范

NY 5027　无公害食品　畜禽饮用水水质标准

NY 5030　无公害食品　畜禽饲养兽药使用准则

NY 5032　无公害食品　畜禽饲料和饲料添加剂使用准则

中华人民共和国主席令 2005 年第 45 号　中华人民共和国畜牧法

中华人民共和国主席令 2007 年第 71 号　中华人民共和国动物防疫法

中华人民共和国农业部令 2006 年第 67 号　畜禽标识和养殖档案管理办法

中华人民共和国农业部公告第 1773 号　饲料原料目录

3　术语和定义

下列术语和定义适用于本文件。

3.1

肥育场　feedlot

以生产商品肥育牛为目的的规模化肉牛场。

3.2

隔离区　quarantine area

对新调入和可疑牛只进行隔离、观察和处理的区域。

4　基本要求

4.1　场址不应位于中华人民共和国主席令 2005 年第 45 号规定的禁止区域，并符合相关法律法规及土地利用规划。

4.2　具有动物防疫条件合格证。

4.3　在县级人民政府畜牧兽医行政主管部门备案，取得畜禽标识代码。

4.4　规模为存栏 200 头以上。

5　选址与布局

5.1　选址

5.1.1 交通便利，卫生防疫无污染。远离禁养区，场界距离生活饮用水源地、居民区、主要交通干线、畜禽屠宰加工和畜禽交易场所 500 m 以上、其他畜禽养殖场 1 000 m 以上。

5.1.2 场址要地势开阔、高燥向阳，通风、排水良好，坡度宜小于 25°；场地宽阔，有足够的面积。

5.1.3 水源稳定、取用方便，水质应符合 NY 5027 的要求。

5.1.4 电力供应充足可靠，符合 GBJ 52 的要求。通讯基础设施良好。

5.2 场区布局

5.2.1 肉牛肥育场按功能分为生活办公区、生产区（肥育区和隔离区）、饲料加工区和粪污处理区，在生产区入口处设人员消毒更衣室。牛场周围及各区之间应设防疫隔离带。

5.2.2 生活办公区设在场区常年主导风向的上风向及地势较高区域，隔离区设在场区下风向或侧风向及地势较低区域，饲料区与生产区分离。粪污处理区与病死牛处理区按夏季主导风向设于生产区的下风向或侧风向处。

5.2.3 场内净道和污道严格分开。

5.2.4 牛场四周建有围墙或防疫沟，并配有绿化隔离带设施。牛场大门入口处设车辆强制消毒设施。

6 生产设施与设备

6.1 牛舍

6.1.1 牛舍应具备防寒、防暑、通风和采光等基本条件。

6.1.2 牛舍跨度为单列式不少于 5.0 m，双列式不少于 10.0 m，群养双列式不少于 20 m。牛舍檐口高度为单列式布局不低于 3.0 m，双列式布局不低于 3.6 m，且随着牛舍跨度的增加而增加。两栋牛舍间距以檐高的 3 倍～5 倍为宜。

6.1.3 每头存栏牛所需牛舍建筑面积 6 m^2～8 m^2，其他附属建筑面积 2 m^2～3 m^2。

6.1.4 采用拴系饲养的牛床长度为 1.8 m，床面材料以砖、混凝土为宜，并向粪沟有 1.5%～3.0%的坡度。采用小群饲养一般加垫料，也可设坡度向粪沟倾斜。

6.2 牛舍设备

6.2.1 牛栏杆根据饲养方式确定，小群饲养栏杆根据牛的大小设计 1.3 m～1.5 m 高度。栏内可设置牛体刷等设施。

6.2.2 具有饲喂、饮水及清粪设施设备。

6.2.3 环境控制设备包括风机等防暑降温设备。

6.3 场区设施与设备

6.3.1 宜有青贮窖池、干草棚、精料库等饲料加工与储存设施。牛场设有粉碎机、搅拌机等相应的加工设备。

6.3.2 供水、供电设施设备齐全，满足生产需要。

6.3.3 场内消防设施应符合 GB 50039 的规定。

6.3.4 牛场应配置生产所需要的兽医诊断等基本仪器设备。

6.3.5 设有称重装置、保定架和装（卸）牛台等设施。

6.3.6 有与养殖规模相适应的粪污储存与处理设施。

7 管理与防疫

7.1 饲养管理

7.1.1 饲料及添加剂的使用应符合 NY 5032 的要求，饲料原料应符合中华人民共和国农业部公告第

1773 号的规定。

7.1.2 有饲料采购和供应计划,日粮组成和配方记录。

7.2 疫病防制

7.2.1 疫病防控

7.2.1.1 购入的架子牛应检疫合格,并在隔离区隔离、观察、处理。

7.2.1.2 根据中华人民共和国主席令 2007 年第 71 号的要求,制订疫病监测方案。

7.2.1.3 按规定进行预防接种。有口蹄疫等国家规定疫病的免疫接种计划和实施记录。

7.2.2 常见病防治

7.2.2.1 有预防、治疗常见疾病的规程。

7.2.2.2 坚持定期消毒。

7.2.3 兽药使用

7.2.3.1 符合 NY 5030 的规定。

7.2.3.2 有完整兽药使用记录,包括药品来源、使用对象、使用时间和用量。

7.3 从业人员管理

有 1 名以上畜牧兽医专业技术人员,或有专业技术人员提供稳定的技术服务。

7.4 档案管理

按照中华人民共和国农业部令 2006 年第 67 号的要求建立养殖档案,对日常生产、活动等进行记录。

8 废弃物处理

8.1 有固定的粪便储存、堆放场所和设施,储存场所有防雨、防止粪液渗漏、溢流措施。粪污处理采用农田利用、堆肥和沼气处理等方式,达到无害化处理,资源化利用。

8.2 病死牛只处理及设施建设应符合 GB 16548 的规定。

8.3 场区整洁,垃圾合理收集、及时清理。

9 生产水平

肥育期大型牛平均日增重达到 1.0 kg,小型牛平均日增重达到 0.5 kg。

ICS 65.020.30
B 43

NY

中华人民共和国农业行业标准

NY/T 2664—2014

标准化养殖场　蛋鸡

Standardization farm—Layer

2014-10-17 发布　　　　2015-01-01 实施

中华人民共和国农业部　发布

前　言

本标准按照 GB/T 1.1—2009 给出的规则起草。

本标准由农业部畜牧业司提出。

本标准由全国畜牧业标准化技术委员会(SAC/TC 274)归口。

本标准起草单位:中国农业大学。

本标准主要起草人:杨宁、徐桂云、曲鲁江、宁中华、郑江霞。

标准化养殖场　蛋鸡

1 范围

本标准规定了蛋鸡标准化养殖场的基本要求、选址及布局、生产设施与设备、管理与防疫、废弃物处理及生产水平等。

本标准适用于商品蛋鸡规模养殖场的标准化生产。

2 规范性引用文件

下列文件对于本文件的应用是必不可少的。凡是注日期的引用文件，仅注日期的版本适用于本文件。凡是不注日期的引用文件，其最新版本(包括所有的修改单)适用于本文件。

GB 16548　畜禽病害肉尸及其产品无害化处理规程

GB 16549　畜禽产地检疫规范

GB 18596　畜禽养殖业污染物排放标准

GB/T 20014.10　良好农业规范　家禽控制点与符合性规范

NY/T 682　畜禽场场区设计技术规范

NY/T 1168　畜禽粪便无害化处理技术规范

NY 5027　无公害食品　畜禽饮用水水质

NY 5030　无公害食品　畜禽饲养兽药使用准则

NY 5032　无公害食品　畜禽饲料和饲料添加剂使用准则

NY/T 5038　无公害食品　家禽养殖生产管理规范

中华人民共和国主席令 2005 年第 45 号　中华人民共和国畜牧法

中华人民共和国农业部令 2006 年第 67 号　畜禽标识和养殖档案管理办法

中华人民共和国农业部公告第 168 号　饲料药物添加剂使用规范

中华人民共和国农业部公告第 1521 号　中华人民共和国兽药典

中华人民共和国农业部公告第 1773 号　饲料原料目录

3 基本要求

3.1　场址不应位于中华人民共和国主席令 2005 年第 45 号规定的禁止区域，并符合相关法律法规及土地利用规划。

3.2　具有动物防疫条件合格证。

3.3　在县级人民政府畜牧兽医行政主管部门备案，取得畜禽标识代码。

3.4　单栋存栏 5 000 只以上，全场存栏 1 万只以上。

4 选址及布局

4.1　距离生活饮用水源地、居民区、畜禽屠宰加工、交易场所和主要交通干线 500 m 以上，其他畜禽养殖场 1 000 m 以上。养鸡场地势高燥，通风良好。

4.2　场区有稳定适于饮用的水源及电力供应；水质符合 NY 5027 的规定。

4.3　有专用车道直通到场，场区主要路面须硬化。净道、污道严格分开。

4.4　场区周围有防疫隔离设施，并有明显的防疫标志。

4.5 场区内办公生活区、生产区、粪污处理区分开，各区整洁。场区布局应符合 NY/T 682 的规定。

5 生产设施与设备

5.1 鸡舍为全封闭式或半封闭式，有防鼠、防鸟等设施设备。

5.2 饲养密度合理，符合所养殖品种的要求，并符合 GB/T 20014.10 及 NY/T 5038 的规定。

5.3 场区门口、生产区入口和鸡舍门口应有消毒设施，生产区入口处应设有更衣消毒室，场内和鸡舍内应有消毒设备。

5.4 鸡舍内须配备通风、降温、光照、饮水、加料及清粪设施。

5.5 设有兽医解剖室，并具备常规的化验检验条件。

5.6 设有药品储备室，并配备必要的药品、疫苗储藏设备。

5.7 设有专用的蛋库，蛋库整洁。

6 管理与防疫

6.1 采取按区或按栋全进全出制饲养工艺。

6.2 按照中华人民共和国农业部令 2006 年第 67 号的要求建立完整的养殖档案；建立员工培训、设备使用和维护档案。

6.3 使用的兽药、饲料药物添加剂、消毒剂等符合中华人民共和国农业部公告第 1521 号、中华人民共和国农业部公告第 168 号、NY 5030 及 NY 5032 的规定，饲料原料应符合中华人民共和国农业部公告第 1773 号的规定。

6.4 制定生产管理、防疫消毒、兽药和饲料使用、人员管理等制度并公示。

6.5 制定合理的饲养管理操作技术规程。

6.6 免疫程序的制定须有专业兽医资格的兽医认可。

6.7 有 1 名以上畜牧兽医专业技术人员，或有专业技术人员提供稳定的技术服务。

6.8 雏鸡应来源于具有种畜禽生产经营许可证的种鸡场，记录品种、来源、数量、日龄等情况，并保留种畜禽生产经营许可证复印件、动物检疫合格证和车辆消毒证明。

6.9 鸡蛋及淘汰蛋鸡检疫符合 GB 16549 的要求。

7 废弃物处理

7.1 应有防雨、防渗漏、防溢流的鸡粪储存场所。鸡粪应发酵或经无害化处理，排放须符合 GB 18596 和 NY/T 1168 的规定。

7.2 所有病死鸡采取焚烧、高压煮沸或深埋等方式进行无害化处理，处理规程需符合 GB 16548 的规定。

7.3 场区整洁，垃圾合理收集、及时清运。

8 生产水平

8.1 开产至 72 周龄产蛋量高于 280 个的高产蛋鸡饲养日产蛋率维持 90%以上达 8 周以上，其他蛋鸡品种饲养日产蛋率维持 70%以上达 16 周以上。

8.2 出雏至 18 周龄死淘率低于 8%，19 周龄～72 周龄月死淘率低于 1.2%。

ICS 65.020.30
B 43

NY

中华人民共和国农业行业标准

NY/T 2665—2014

标准化养殖场　肉羊

Standardization farm—Meat sheep & goat

2014-10-17 发布　　2015-01-01 实施

中华人民共和国农业部　发布

前　　言

本标准按照 GB/T 1.1—2009 给出的规则起草。

本标准由农业部畜牧业司提出。

本标准由全国畜牧业标准化技术委员会(SAC/TC 274)归口。

本标准起草单位:中国农业科学院北京畜牧兽医研究所、重庆市畜牧科学院、塔里木大学、河南科技大学。

本标准主要起草人:魏彩虹、杜立新、赵福平、任航行、曾维斌、张莉、王玉琴、路国彬。

标准化养殖场　肉羊

1　范围

本标准规定了肉羊标准化肥育场的基本要求、选址与布局、生产设施与设备、管理与防疫、废弃物处理和生产水平等。

本标准适用于肉羊规模养殖场的标准化生产。

2　规范性引用文件

下列文件对于本文件的应用是必不可少的。凡是注日期的引用文件,仅注日期的版本适用于本文件。凡是不注日期的引用文件,其最新版本(包括所有的修改单)适用于本文件。

GB 16548　病害动物和病害动物产品生物安全处理规程

HJ/T 81　畜禽养殖业污染防治技术规范

NY/T 1168　畜禽粪便无害化处理技术规范

NY 5027　无公害食品　畜禽饮用水水质

NY 5030　无公害食品　畜禽饲养兽药使用准则

NY 5032　无公害食品　畜禽饲料和饲料添加剂使用准则

中华人民共和国主席令 2005 年第 45 号　中华人民共和国畜牧法

中华人民共和国主席令 2007 年第 71 号　中华人民共和国动物防疫法

中华人民共和国农业部令 2006 年第 67 号　畜禽标识和养殖档案管理办法

中华人民共和国农业部公告第 1773 号　饲料原料目录

3　术语和定义

下列术语和定义适用于本文件。

3.1

繁殖成活率　survival rate of reproduction

出生活羔羊数与能繁母羊数的百分比,用百分数表示。

3.2

羔羊成活率　survival rate of lamb

断乳时活羔羊数与初生活羔羊数的百分比,用百分数表示。

4　基本要求

4.1　场址不应位于中华人民共和国主席令 2005 年第 45 号规定的禁止区域,并符合相关法律法规及土地利用规划。

4.2　具有动物防疫条件合格证。

4.3　在县级人民政府畜牧兽医行政主管部门备案,取得畜禽标识代码。

4.4　农区存栏能繁母羊 100 只以上或年出栏肉羊 500 只以上的养殖场;牧区存栏能繁母羊 250 只以上或年出栏肉羊 1 000 只以上的养殖场。

5　选址与布局

5.1　选址

5.1.1 距离生活饮用水源地、居民区、主要交通干线、畜禽屠宰加工和畜禽交易场所 500 m 以上，其他畜禽养殖场 1 000 m 以上。

5.1.2 场址选择应地势高燥，排水、通风良好。

5.1.3 场址位置应选在最近居民点常年主导风向的下风向处或侧风向处。

5.1.4 水源稳定，水质符合 NY 5027 的要求。电力供应充足，交通和通信便利。

5.2 布局

5.2.1 肉羊场场区边界应设有隔离设施。

5.2.2 肉羊场应合理分区，农区场区应划分为生活区、生产区及粪污处理区，各区相距 50 m 以上；牧区场区中生活建筑、草料储存场所、圈舍和粪污堆积区宜有固定设施分离。

5.2.3 母羊舍、公羊舍、羔羊舍、育成羊舍、育肥羊舍布局合理，保持适当距离。

5.2.4 肉羊场净道、污道应分开。

6 生产设施与设备

6.1 羊舍根据本地具体情况可建成封闭式、半封闭式、开放式羊舍。

6.2 羊舍建筑应满足防寒、防暑、通风和采光的要求。

6.3 羊舍应设运动场，运动场地面平坦、不起尘土、排水良好。夏季炎热地区有遮阳设施，四周设围栏。

6.4 潮湿多雨地区采用高床漏缝地板。

6.5 各类羊只所需面积应符合表 1 的规定。

表 1 各类羊只所需面积

单位为平方米每只

类别		羊舍面积	运动场面积
种公羊	单栏	4.0～6.0	运动场面积为羊舍面积的 2 倍～4 倍
	群饲	2.0～2.5	
种母羊(含妊娠母羊)		1.0～2.0	
育成公羊		0.7～1.0	
育成母羊		0.7～0.8	
断奶羔羊		0.4～0.5	
育肥羊		0.6～0.8	

6.6 场区门口、生产区入口应设有消毒设施，生产区入口同时设有更衣消毒室。宜有专用药浴设施。

6.7 应有青贮窖池、干草棚、精料库等饲料加工与贮存设施；设有粉碎机、搅拌机等相应的加工设备。

6.8 供水、供电设施设备齐全，满足生产需要。

6.9 具有饲喂、饮水及清粪设施设备。

6.10 运动场内应有专用补饲设施。

7 管理与防疫

7.1 饲养管理

7.1.1 饲料及添加剂的使用应符合 NY 5032 的要求，饲料原料应符合中华人民共和国农业部公告第 1773 号的规定。

7.1.2 有饲料采购和供应计划，日粮组成和配方记录。

7.2 疫病防制

7.2.1 疫病防控

7.2.1.1 购入的种羊和育肥羊应检疫合格，并在隔离区隔离、观察、处理。

7.2.1.2 根据中华人民共和国主席令2007年第71号的要求，制订疫病监测方案。

7.2.2 常见病防治

7.2.2.1 有预防、治疗常见疾病的规程。

7.2.2.2 坚持定期消毒。

7.2.3 兽药使用

7.2.3.1 符合NY 5030的规定。

7.2.3.2 有完整的兽药使用记录，包括药品来源、使用对象、使用时间和用量。

7.3 档案管理

根据中华人民共和国农业部令2006年第67号的规定，对日常生产、活动等进行记录和档案管理。

7.4 从业人员管理

有1名以上畜牧兽医专业技术人员，或有专业技术人员提供稳定的技术服务。

8 废弃物处理

8.1 肉羊场要有固定的羊粪储存、堆放设施和场所，储存场所要有防雨、防溢流措施。对粪污进行无害化处理，处理过程和结果应符合NY/T 1168的要求。

8.2 病死羊采取深埋或焚烧等方式处理，非传染性病死羊尸体、胎盘、死胎等的处理与处置应符合HJ/T 81的规定。传染性病死羊尸体及器官组织等处理按GB 16548的规定执行。每次病死羊的处理都要有完整的记录。

8.3 场区整洁，垃圾合理收集、及时清理。

9 生产水平

农区肉羊场羔羊成活率95%或繁殖成活率90%以上；牧区肉羊场羔羊成活率90%或繁殖成活率85%以上。6月龄～8月龄绵羊活体重不低于40 kg，山羊不低于25 kg。

ICS 65.020.30
B 43

NY

中华人民共和国农业行业标准

NY/T 2666—2014

标准化养殖场　肉鸡

Standardization farm—Broiler

2014-10-17 发布　　2015-01-01 实施

中华人民共和国农业部　发布

前 言

本标准按照 GB/T 1.1—2009 给出的规则起草。

本标准由农业部畜牧业司提出。

本标准由全国畜牧业标准化技术委员会(SAC/TC 274)归口。

本标准起草单位:中国农业科学院北京畜牧兽医研究所、安徽五星食品有限公司、山东省农业科学院家禽研究所、河北飞龙家禽育种有限公司。

本标准主要起草人:文杰、郑麦青、赵桂苹、胡祖义、逯岩、曹顶国、刘冉冉、王胜军、张之宣。

标准化养殖场　肉鸡

1　范围

本标准规定了肉鸡标准化养殖场的基本要求、选址和布局、生产设施与设备、管理与防疫、废弃物处理和生产水平等。

本标准适用于商品肉鸡规模养殖场的标准化生产。

2　规范性引用文件

下列文件对于本文件的应用是必不可少的。凡是注日期的引用文件，仅注日期的版本适用于本文件。凡是不注日期的引用文件，其最新版本(包括所有的修改单)适用于本文件。

GB 16548　畜禽病害肉尸及其产品无害化处理规程

GB 16549　畜禽产地检疫规范

GB 18596　畜禽养殖业污染物排放标准

GB/T 19664　商品肉鸡生产技术规程

NY/T 682　畜禽场场区设计技术规范

NY/T 1168　畜禽粪便无害化处理技术规范

NY/T 1566　标准化肉鸡养殖场建设规范

NY/T 1871　黄羽肉鸡饲养管理技术规程

NY 5027　无公害食品　畜禽饮用水水质

中华人民共和国主席令 2005 年第 45 号　中华人民共和国畜牧法

中华人民共和国农业部令 2006 年第 67 号　畜禽标识和养殖档案管理办法

中华人民共和国农业部公告第 168 号　饲料药物添加剂使用规范

中华人民共和国农业部公告第 1521 号　中华人民共和国兽药典

中华人民共和国农业部公告第 1773 号　饲料原料目录

3　基本要求

3.1　场址不应位于中华人民共和国主席令 2005 年第 45 号规定的禁止区域，并符合相关法律法规及土地利用规划。

3.2　具有动物防疫条件合格证。

3.3　在县级人民政府畜牧兽医行政主管部门备案。

3.4　单栋存栏 5 000 只以上，年出栏快大型白羽肉鸡 10 万只或黄羽肉鸡 5 万只以上。

4　选址和布局

4.1　距离生活饮用水源地、居民区、畜禽屠宰加工、交易场所和主要交通干线 500 m 以上，其他畜禽养殖场 1 000 m 以上。

4.2　选址地势高燥，背风向阳，通风良好，远离噪声。

4.3　场区有稳定水源及电力供应，水质符合 NY 5027 的规定。

4.4　场区主要路面应硬化。净道、污道严格分开。

4.5　场区周围有防疫隔离设施，区域间有消毒设施，并有明显的防疫标志。

4.6 场区布局应符合 NY/T 1566 和 NY/T 682 的规定，生活区、生产区严格分开，并具有有效隔离。

5 生产设施和设备

5.1 鸡舍建筑基本要求和舍内环境参数符合 NY/T 1566 的规定。鸡舍具有防鼠、防鸟等设施设备。

5.2 鸡舍配备通风换气、升温和降温、光照等环境控制设备，具备饮水和加料系统，建有储料罐或储料库。

5.3 场区门口、生产区入口和鸡舍门口应设有消毒设施，生产区入口同时设有更衣消毒室。

5.4 场内和舍内应有消毒设备。

5.5 配备药品储备室和专门的解剖室及设施设备。

5.6 具备应急条件下的电源及饮水供应设备。

6 管理与防疫

6.1 饲养单一类型的品种，采取全进全出制饲养方式。

6.2 饲养密度合理，符合所养殖品种的要求。

6.3 制定生产管理、防疫消毒、兽药和饲料使用、人员管理等各项制度并公示。

6.4 兽药、饲料药物添加剂、消毒剂等的使用应符合中华人民共和国农业部公告第 1521 号和中华人民共和国农业部公告第 168 号的规定。

6.5 饲养管理操作技术规程应符合 GB/T 19664 和 NY/T 1871 的要求。

6.6 免疫程序的制定须有专业兽医资格的兽医认可。

6.7 按照中华人民共和国农业部令 2006 年第 67 号的要求建立养殖档案。建立员工培训档案。建立设备使用、维护档案。

6.8 具备 1 名以上畜牧兽医专业的技术人员，或有专业技术人员提供稳定的技术服务。

6.9 雏鸡应来源于具有种畜禽生产经营许可证的种鸡场，并保留种畜禽生产经营许可证复印件、动物检疫合格证和车辆消毒证明。

6.10 出栏肉鸡检疫符合 GB 16549 的要求。

7 废弃物处理

7.1 有固定的防雨、防渗漏、防溢流鸡粪储存场所。鸡粪应发酵或经其他无害化处理，鸡粪的储存和处理应符合 NY/T 1168 的规定，排放应符合 GB 18596 的规定。

7.2 所有病死鸡采取焚烧或深埋等方式进行无害化处理，处理规程应符合 GB 16548 的规定。

7.3 场区整洁，垃圾合理收集、及时清理。

8 生产水平

8.1 成活率

年平均出栏肉鸡成活率≥90%。

8.2 料重比

50 日龄内出栏的白羽肉鸡：年平均出栏肉鸡的料重比≤2.0。

60 日龄内出栏的快大型黄羽肉鸡：年平均出栏肉鸡的料重比≤2.4。

61 日龄～90 日龄内出栏的中速型黄羽肉鸡：年平均出栏肉鸡的料重比≤2.8。

ICS 65.120
B 46

中华人民共和国国家标准

农业部2086号公告—1—2014

饲料中左炔诺孕酮的测定 高效液相色谱法

Determination of levonorgestrel in feeds—Highperformance liquid chromatography

2014-04-01 发布 2014-07-01 实施

中华人民共和国农业部 发布

前　言

本标准按照 GB/T 1.1—2009 给出的规则起草。

本标准由农业部畜牧业司提出。

本标准由全国饲料工业标准化技术委员会(SAC/TC 76)归口。

本标准起草单位:北京市饲料监察所。

本标准主要起草人：魏秀莲、丁美方、杨宝良、孙志伟、冯秀燕、董红霞、郑君杰、徐理奇、邓程君、贾涛、左文霞。

饲料中左炔诺孕酮的测定 高效液相色谱法

1 范围

本标准规定了饲料中左炔诺孕酮含量测定的高效液相色谱法。

本标准适用于配合饲料、浓缩饲料、添加剂预混合饲料、精料补充料中左炔诺孕酮含量的测定。

本方法的检测限为 0.1 mg/kg，定量限为 0.3 mg/kg。

2 规范性引用文件

下列文件对于本文件的应用是必不可少的。凡是注日期的引用文件，仅注日期的版本适用于本文件。凡是不注日期的引用文件，其最新版本(包括所有的修改单)适用于本文件。

GB/T 6682 分析实验室用水规格和试验方法

GB/T 14699.1 饲料 采样

GB/T 20195 动物饲料 试样的制备

3 原理

饲料中左炔诺孕酮用乙腈提取，C_{18} 固相萃取柱净化，乙腈洗脱，吹干后乙腈定容，反相高效液相色谱法测定，外标法定量。

4 试剂和材料

以下所用的试剂，除特别注明者外均为分析纯试剂；水为符合 GB/T 6682 规定的一级水。

4.1 甲醇：色谱纯。

4.2 乙腈：色谱纯。

4.3 25%乙腈水溶液：取乙腈 25 mL，加水稀释至 100 mL。

4.4 左炔诺孕酮对照品：纯度大于 97.5%。

4.5 左炔诺孕酮标准储备液：准确称取左炔诺孕酮对照品 20 mg，用乙腈溶解并定容至 50 mL 容量瓶中，配制成 400 μg/mL 的标准储备液。4℃保存，有效期为 3 个月。

4.6 左炔诺孕酮标准工作液：准确量取适量左炔诺孕酮标准储备液，用乙腈定容至适当的容量瓶中，配制浓度为 0.20 μg/mL、0.50 μg/mL、1.00 μg/mL、5.00 μg/mL、10 μg/mL、20 μg/mL、100 μg/mL 的系列标准工作液。现用现配。

4.7 C_{18} 固相萃取柱：500 mg/6 mL；或相当者。

4.8 微孔滤膜：0.45 μm。

5 仪器和设备

5.1 高效液相色谱仪：配紫外检测器或二极管阵列检测器。

5.2 涡旋振荡器。

5.3 超声波清洗器。

5.4 氮吹仪。

5.5 分析天平:感量 0.1 mg。

5.6 天平:感量 0.01 g。

5.7 固相萃取装置。

6 采样和试样制备

按 GB/T 14699.1 的规定抽取有代表性的饲料样品,用四分法缩减取样。按 GB/T 20195 规定的方法制备样品,粉碎后过 0.45 mm 孔径的分析筛,混匀,装入磨口瓶中,备用。

7 测定步骤

7.1 提取

称取试样 5 g(精确到 0.01 g),至 50 mL 离心管中,加入 25.0 mL 乙腈溶解,超声提取 15 min,过滤,取上清液 5.0 mL,氮气吹至近干,用 25%乙腈溶液 5 mL(4.3)溶解残渣,作为备用液。

7.2 净化

C_{18}固相萃取小柱先用 5 mL 甲醇活化,再用 5 mL 水进行平衡后,将备用液过柱,用 10 mL 25%乙腈水溶液(4.3)淋洗,抽干,用乙腈 4 mL 洗脱,过柱流速控制在 1 mL/min;洗脱液在 40℃下氮气吹干后,准确加入 1 mL 乙腈,涡旋溶解,过 0.45 μm 滤膜,供高效液相色谱仪测定。

7.3 测定

7.3.1 色谱参考条件

色谱柱:C_{18}柱:柱长 250 mm,内径 4.6 mm,粒径 5 μm;或相当者。

流动相:乙腈+水=65+35。

流速:1 mL/min。

进样量:20 μL。

柱温:30℃。

检测波长:240 nm。

检测器:紫外检测器。

7.3.2 标准曲线的制备

在上述色谱条件下,取左炔诺孕酮标准工作液(4.6)供高效液相色谱仪测定,以色谱峰面积为纵坐标、标准溶液浓度为横坐标,制备标准曲线。

7.3.3 测定

分别注入左炔诺孕酮标准工作液(4.6)和试样溶液(7.2)进行测定。用液相色谱保留时间定性,选取标准工作液中合适的点做单点校准,以色谱峰的峰面积进行定量计算。标准色谱图参见附录 A。

8 计算与表示

8.1 结果计算

试样中左炔诺孕酮的含量 X 以质量分数计,单位为毫克每千克(mg/kg),按式(1)计算:

$$X = \frac{A \times C_s \times V \times V_2}{A_s \times m \times V_1} \quad \cdots\cdots (1)$$

式中:

X ——试样中左炔诺孕酮的含量,单位为毫克每千克(mg/kg);

A ——试样溶液中左炔诺孕酮的峰面积;

A_s——标准工作液中左炔诺孕酮峰面积;

C_s——标准工作液中左炔诺孕酮浓度,单位为微克每毫升(μg/mL);

V ——最终定容体积，单位为毫升(mL)；

m ——试样质量，单位为克(g)；

V_1——试样分取体积，单位为毫升(mL)；

V_2——提取液总体积，单位为毫升(mL)。

8.2 结果表示

测定结果用平行测定的算术平均值表示，结果保留三位有效数字。

9 重复性

在重复性条件下获得的两次独立测定结果与其算术平均值的绝对差值不大于平均值的 15%。

附　录　A
（资料性附录）
左炔诺孕酮标准品色谱图

左炔诺孕酮标准品色谱图见图 A.1。

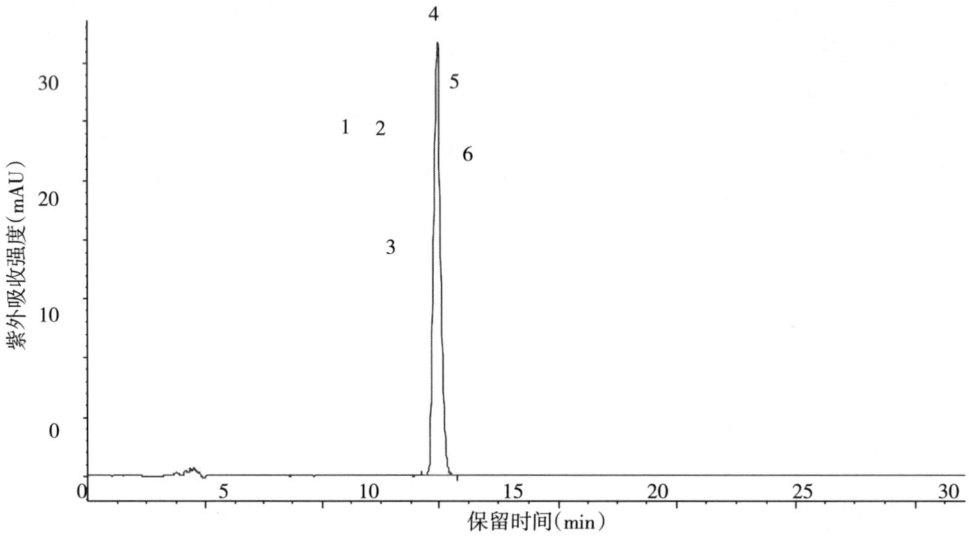

图 A.1　左炔诺孕酮标准品(20 μg/mL)色谱图

ICS 65.120
B 46

中华人民共和国国家标准

农业部 2086 号公告—2—2014

饲料中醋酸氯地孕酮的测定 高效液相色谱法

Determination of chlormadinone acetate in feeds—High performance liquid chromatography

2014-04-01 发布　　2014-07-01 实施

中华人民共和国农业部　发布

前　言

本标准按照 GB/T 1.1—2009 给出的规则起草。

本标准由农业部畜牧业司提出。

本标准由全国饲料工业标准化技术委员会(SAC/TC 76)归口。

本标准起草单位:北京市兽药监察所、北京市饲料监察所。

本标准主要起草人:怀文辉、孙志文、左文霞、冯秀燕、赵莹、李月、邓程君、贾涛、卢光菊、李志宏、魏秀莲。

饲料中醋酸氯地孕酮的测定
高效液相色谱法

1 范围

本标准规定了饲料中醋酸氯地孕酮含量测定的高效液相色谱法。

本标准适用于配合饲料、浓缩饲料、添加剂预混合饲料、精料补充料中醋酸氯地孕酮含量的测定。

本方法检测限为 0.1 mg/kg,定量限为 0.2 mg/kg。

2 规范性引用文件

下列文件对于本文件的应用是必不可少的。凡是注日期的引用文件,仅注日期的版本适用于本文件。凡是不注日期的引用文件,其最新版本(包括所有的修改单)适用于本文件。

GB/T 6682 分析实验室用水规格和试验方法

GB/T 14699.1 饲料 采样

GB/T 20195 动物饲料 试样的制备

3 原理

试样中醋酸氯地孕酮用乙腈提取,C_{18}固相萃取柱净化,乙腈洗脱,吹干后以流动相溶解,高效液相色谱法测定,外标法定量。

4 试剂和材料

以下所用的试剂,除特别注明者外均为分析纯试剂;水为符合 GB/T 6682 规定的一级水。

4.1 甲醇:色谱纯。

4.2 乙腈:色谱纯。

4.3 40%甲醇水溶液:取甲醇 40 mL,加水稀释至 100 mL。

4.4 醋酸氯地孕酮对照品:纯度大于 98.5%。

4.5 醋酸氯地孕酮标准储备液:准确称取醋酸氯地孕酮对照品适量,用甲醇溶解并定容,配制成浓度为 1 mg/mL 的标准储备液。−18℃保存,有效期为 3 个月。

4.6 醋酸氯地孕酮标准工作液:准确量取适量标准储备液(4.5),用流动相定容至适当的容量瓶中,配制成浓度为 0.2 μg/mL、1 μg/mL、5 μg/mL、20 μg/mL、50 μg/mL、100 μg/mL 的标准工作液。现用现配。

4.7 HLB 固相萃取柱(亲水亲脂平衡固相萃取柱):200 mg/6 mL 或相当者。

4.8 微孔滤膜:0.45 μm。

5 仪器和设备

5.1 高效液相色谱仪(配紫外检测器或二极管阵列检测器)。

5.2 涡旋振荡器。

5.3 离心机。

5.4 氮吹仪。

5.5　分析天平：感量 0.1 mg。

5.6　天平：感量 0.01 g。

5.7　固相萃取装置。

6　采样和试样制备

按 GB/T 14699.1 的规定抽取有代表性的饲料样品，用四分法缩减取样，按照 GB/T 20195 的规定制备样品，粉碎后过 0.45 mm 孔径的分析筛，混匀，装入磨口瓶中，备用。

7　测定步骤

7.1　提取

称取试样 2 g(精确到 0.01 g)，至 50 mL 离心管中，加入 10 mL 乙腈，涡旋震荡 10 min，8 000 r/min 离心 5 min，取上清液。残留物用 10 mL 乙腈重复提取一次，合并上清液，50℃下氮气吹干至约 2 mL，涡旋震荡 30 s，加入 4 mL 水，混匀，作为备用液。

7.2　净化

HLB 固相萃取柱依次用甲醇、水各 5 mL 活化，取全部备用液过柱，依次用水、40%甲醇水溶液(4.3)各 5 mL 淋洗，抽干，用 10 mL 乙腈洗脱。洗脱液在 50℃下氮气吹干后，准确加入 2 mL 流动相，涡旋溶解，过 0.45 μm 滤膜，供高效液相色谱仪测定。

7.3　测定

7.3.1　色谱参考条件

色谱柱：C_{18}柱，柱长 250 mm，柱内径 4.6 mm，粒度 5 μm；或相当者。

流动相：乙腈＋水＝53 ＋47。

流速：1.0 mL/min。

进样量：20 μL。

柱温：30℃。

检测波长：285 nm。

检测器：紫外检测器或二极管阵列检测器。

7.3.2　标准曲线的制备

在上述色谱条件下，取醋酸氯地孕酮系列标准工作液(4.6)供高效液相色谱仪测定，以色谱峰面积为纵坐标、标准溶液浓度为横坐标，制备标准曲线。

7.3.3　测定

分别注入醋酸氯地孕酮标准工作液(4.6)和试样溶液进行测定。用液相色谱保留时间定性，选取标准工作溶液中合适的点做单点校准，以色谱峰的峰面积进行定量计算。标准色谱图参见附录 A。

8　计算与表示

8.1　结果计算

试样中醋酸氯地孕酮含量 X 以质量分数计，单位为毫克每千克(mg/kg)，按式(1)计算。

$$X=\frac{A\times C_s\times V}{A_s\times m} \qquad (1)$$

式中：

X ——试样中醋酸氯地孕酮的含量，单位为毫克每千克(mg/kg)；

A ——试样溶液中醋酸氯地孕酮的峰面积；

A_s——标准工作液中醋酸氯地孕酮的峰面积；

C_s——标准工作液中醋酸氯地孕酮浓度，单位为微克每毫升(μg/mL)；

V——最终定容体积，单位为毫升(mL)；

m——试样质量，单位为克(g)。

8.2 结果表示

测定结果用平行测定的算术平均值表示，结果保留三位有效数字。

9 重复性

在重复性条件下获得的两次独立测定结果与其算术平均值的绝对差值不大于平均值的 15%。

附　录　A
(资料性附录)
醋酸氯地孕酮标准品色谱图

醋酸氯地孕酮标准品色谱图见图 A.1。

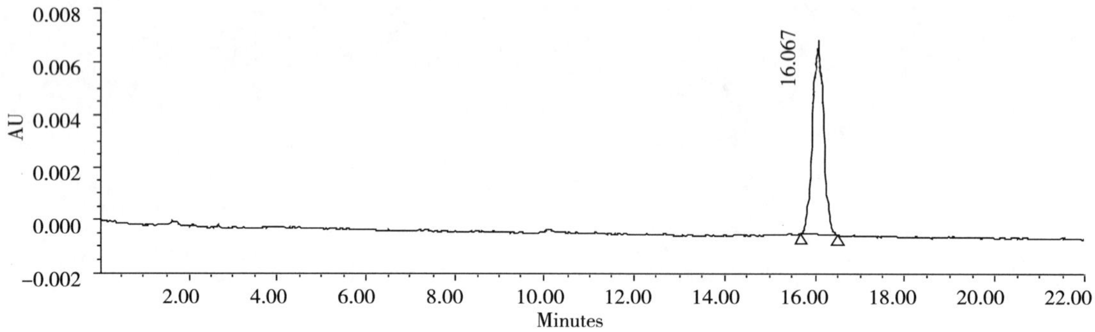

图 A.1　醋酸氯地孕酮标准品(0.5 μg/mL)色谱图

ICS 65.120
B 46

中华人民共和国国家标准

农业部2086号公告—3—2014

饲料中匹莫林的测定 高效液相色谱法

Determination of pemoline in feeds—High performance liquid chromatography

2014-04-01 发布　　2014-07-01 实施

中华人民共和国农业部 发布

前　　言

本标准按照 GB/T 1.1—2009 给出的规则起草。

本标准由农业部畜牧业司提出。

本标准由全国饲料工业标准化技术委员会(SAC/TC 76)归口。

本标准起草单位:河南省兽药监察所。

本标准主要起草人:班付国、张发旺、吴宁鹏、彭丽、李慧素、杜红鸽、谭旭信、刘占通、方忠意。

饲料中匹莫林的测定
高效液相色谱法

1 范围

本标准规定了饲料中匹莫林含量测定的高效液相色谱法。

本标准适用于配合饲料、浓缩饲料、添加剂预混合饲料和精料补充料中匹莫林的测定。

本方法检测限为 1.0 mg/kg,定量限为 2.0 mg/kg。

2 规范性引用文件

下列文件对于本文件的应用是必不可少的。凡是注日期的引用文件,仅注日期的版本适用于本文件。凡是不注日期的引用文件,其最新版本(包括所有的修改单)适用于本文件。

GB/T 6682 分析实验室用水规格和试验方法

GB/T 14699.1 饲料 采样

GB/T 20195 动物饲料试样的制备

3 原理

用乙醇提取样品中的匹莫林,浓缩至干后用甲醇水溶解,HLB 固相萃取柱及中性氧化铝柱净化,高效液相色谱法测定,内标法定量。

4 试剂和材料

除特殊注明外,本法所用试剂均为分析纯;水符合 GB/T 6682 中一级水的规定。

4.1 匹莫林对照品:纯度≥98%。

4.2 5-甲基-5-苯海因(内标):纯度≥99%。

4.3 乙腈:色谱纯。

4.4 甲醇:色谱纯。

4.5 乙醇。

4.6 10%乙腈溶液:取乙腈(4.3)10 mL,加水 90 mL,混匀。

4.7 90%甲醇溶液:取甲醇(4.4)90 mL,加水 10 mL,混匀。

4.8 50%甲醇溶液:取甲醇(4.4)50 mL,加水 50 mL,混匀。

4.9 HLB 固相萃取柱:规格为 500 mg/6mL,或相当者。

4.10 中性氧化铝柱:规格为 500 mg/3 mL。

4.11 标准储备液(1 mg/mL):精密称取匹莫林对照品(4.1)适量,置于容量瓶中,用甲醇溶解并定容至刻度,配制成 1 mg/mL 的标准储备液。于−18℃下保存,有效期为 6 个月。

4.12 标准中间液(200 μg/mL):准确吸取标准储备液(4.11)2 mL,置于 10 mL 容量瓶中,用甲醇溶液稀释至刻度,摇匀。于 2℃~8℃保存,有效期为 1 个月。

4.13 内标储备液(1 mg/mL):精密称取 5-甲基-5-苯海因(4.2)适量,置于容量瓶中,用甲醇溶解并定容至刻度,配制成 1 mg/mL 的标准储备液。

4.14 内标中间液(200 μg/mL):准确吸取内标储备液(4.13)2 mL,置于 10 mL 容量瓶中,用甲醇溶液稀释至刻度。

5 仪器和设备

5.1 高效液相色谱仪(配紫外检测器)。

5.2 分析天平:感量 0.01 mg。

5.3 天平:感量 0.01 g。

5.4 离心机。

5.5 涡旋混合器。

5.6 水平振荡器。

5.7 超声水浴。

5.8 固相萃取装置。

5.9 氮吹仪。

6 采样和试样制备

按 GB/T 14699.1 的规定抽取有代表性的饲料样品,用四分法缩减取样。按 GB/T 20195 规定的方法制备样品,粉碎后过 0.45 mm 孔径的分析筛,混匀,装入磨口瓶中备用。

7 测定步骤

7.1 提取

称取试样 5 g(精确至 0.01 g)于 50 mL 离心管中,加入内标储备溶液(4.13)100 μL。准确加入乙醇(4.5)25.0 mL,涡旋混合后振荡 10 min,超声提取 10 min,8000 r/min 离心 5 min,移取上清液至另一离心管中。残渣加入乙醇 25.0 mL 重复提取一次,合并上清液。准确移取上清液 10.0 mL 于 15 mL 离心管中,于 50℃下氮气吹干。残余物用甲醇 0.5 mL 涡旋溶解,再加入水 4.5 mL,超声 5 min,涡旋混匀,备用。

7.2 净化

HLB 固相萃取柱(4.9)依次用甲醇和水各 5 mL 活化,移取备用液(7.1)过柱。依次用水和 10%乙腈溶液(4.6)各 5 mL 淋洗,抽干。将预先用甲醇 3 mL 活化好的中性氧化铝柱(4.10)串接在 HLB 固相萃取柱下方。用 90%甲醇溶液(4.7)5 mL 洗脱,收集洗脱液,于 50℃下氮气吹干。准确加入 50%甲醇水溶液(4.8)1.0 mL,超声 2 min,混匀后过 0.22 μm 微孔滤膜,供 HPLC 测定。

7.3 标准曲线的制备

准确量取匹莫林标准中间液及内标中间液适量,用 50%甲醇水溶液稀释,制得浓度为 0.5 μg/mL、1 μg/mL、5 μg/mL、10 μg/mL、50 μg/mL 和 100 μg/mL 的系列标准工作溶液(内标均为 20 μg/mL),由低浓度到高浓度进高效液相色谱仪测定。以色谱峰面积比为纵坐标、浓度为横坐标,绘制标准曲线。匹莫林标准溶液色谱图参见附录 A。

7.4 测定

7.4.1 液相色谱参考条件

色谱柱:C_{18}柱,柱长 250 mm,内径 4.6 mm,粒度 5 μm;或相当者。

流动相:水+乙腈=85+15。

检测波长:216 nm。

柱温:30℃。

流速:1.0 mL/min。

进样量:20 μL。

7.4.2 定量测定

取试样溶液和标准工作液上机分析，得到色谱峰面积响应值，做单点或多点校准，用内标法定量。试样溶液中待测物的响应值均应在仪器测定的线性范围内。若试样溶液浓度超过线性范围时，用 50% 甲醇稀释后重新测定。

8 结果计算

试样中匹莫林含量 X_i 以质量分数计，单位为毫克每千克(mg/kg)，按式(1)计算。

$$X_i = \frac{C_s \times C_i \times A \times A_{si} \times V \times V_2}{C_{si} \times A_s \times A_i \times m \times V_1} \quad \cdots\cdots (1)$$

式中：

C_s ——匹莫林标准工作溶液的浓度，单位为微克每毫升(μg/mL)；

C_{si} ——匹莫林标准工作溶液中内标的浓度，单位为微克每毫升(μg/mL)；

C_i ——试样溶液中内标的浓度，单位为微克每毫升(μg/mL)；

A ——试样溶液中匹莫林的峰面积；

A_s ——匹莫林标准工作溶液的峰面积；

A_i ——试样溶液中内标物的峰面积；

A_{si} ——匹莫林标准工作溶液中内标物的峰面积；

m ——样品的质量，单位为克(g)；

V ——溶解残余物所得溶液体积，单位为毫升(mL)；

V_1 ——过固相萃取柱的提取液体积，单位为毫升(mL)；

V_2 ——提取液总体积，单位为毫升(mL)。

测定结果用平行测定的算术平均值表示，结果保留三位有效数字。

9 重复性

在重复性条件下获得的两次独立测定结果的绝对差值不大于这两个测定值的算术平均值的 20%。

附　录　A
（资料性附录）
匹莫林标准溶液色谱图

匹莫林标准溶液色谱图见图 A.1。

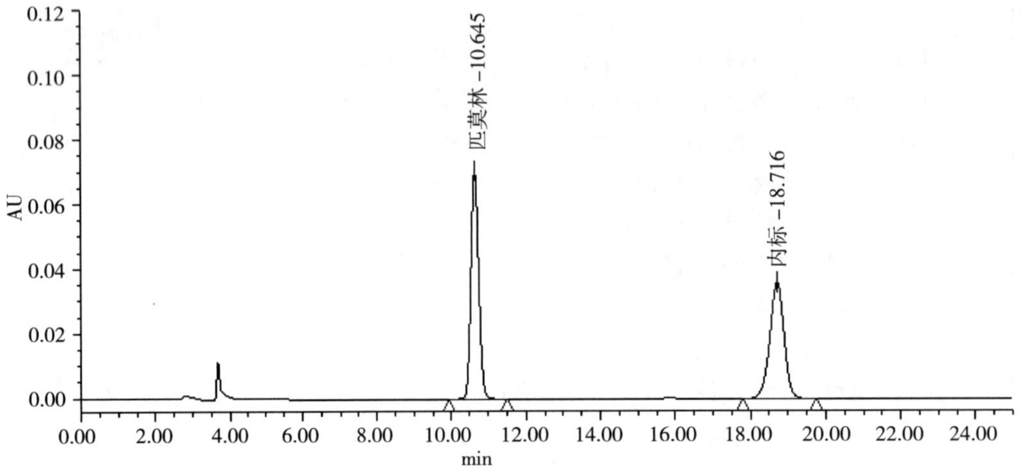

图 A.1　匹莫林标准溶液色谱图(5 μg/mL)

ICS 65.120
B 46

中华人民共和国国家标准

农业部2086号公告—4—2014

饲料中氟喹诺酮类药物的测定 液相色谱—串联质谱法

Determination of fluoroquinolones in feeds—Liquid chromatography-tandem mass spectrometry

2014-04-01 发布　　2014-07-01 实施

中华人民共和国农业部　发布

前　　言

本标准按照GB/T 1.1—2009给出的规则起草。

本标准由农业部畜牧业司提出。

本标准由全国饲料工业标准化技术委员会(SAC/TC 76)归口。

本标准起草单位:中国农业大学动物医学院。

本标准主要起草人:沈建忠、程林丽、张素霞、王战辉、吴聪明、肖希龙。

饲料中氟喹诺酮类药物的测定
液相色谱—串联质谱法

1 范围

本标准规定了饲料中氟喹诺酮类药物含量测定的液相色谱—串联质谱法。

本标准适用于配合饲料、浓缩饲料、添加剂预混合饲料和精料补充料中盐酸环丙沙星、恩诺沙星、诺氟沙星、氧氟沙星、甲磺酸达氟沙星、盐酸沙拉沙星含量的测定。

本方法在配合饲料、浓缩饲料、添加剂预混合饲料和精料补充料中 6 种药物的检测限为 60.0 μg/kg,定量限为 200.0 μg/kg。

2 规范性引用文件

下列文件对于本文件的应用是必不可少的。凡是注日期的引用文件,仅注日期的版本适用于本文件。凡是不注日期的引用文件,其最新版本(包括所有的修改单)适用于本文件。

GB/T 6682 分析实验室用水规格和试验方法

GB/T 14699.1 饲料 采样

GB/T 20195 动物饲料 试样的制备

3 原理

用甲酸甲醇溶液提取饲料中的氟喹诺酮类药物,HLB 固相萃取柱净化,滤膜过滤后液相色谱—串联质谱法测定,基质匹配标准曲线校正,外标法定量。

4 试剂和材料

除非另有说明,在分析中仅使用确认为分析纯的试剂和符合 GB/T 6682 中规定的一级水。

4.1 盐酸环丙沙星(Ciprofloxacin hydrochloride,CPFX):纯度≥99.7%。

4.2 恩诺沙星(Enrofloxacin,EFLX):纯度≥99.7%。

4.3 诺氟沙星(Norfloxacin,NFLX):纯度≥99.7%。

4.4 氧氟沙星(Ofloxacin,OFLX):纯度≥99.7%。

4.5 甲磺酸达氟沙星(Danofloxacin mesylate,DANO):纯度≥99.7%。

4.6 盐酸沙拉沙星(Sarafloxacin hydrochloride,SALX):纯度≥99.7%。

4.7 甲醇:色谱纯。

4.8 HLB 固相萃取柱:规格为 500 mg/6 mL。

4.9 乙腈:色谱纯。

4.10 氢氧化钠溶液(30 mmol/L):称取 0.12 g 氢氧化钠,用 100 mL 水溶解。

4.11 磷酸盐缓冲液(0.1 mol/L):称取 6.8 g 磷酸氢二钾,加 500 mL 水溶解,用 30 mmol/L 氢氧化钠溶液调节 pH 7.0。

4.12 1%甲酸甲醇溶液:量取 10 mL 甲酸于 990 mL 甲醇中,混匀。

4.13 5%甲醇溶液:量取 5 mL 甲醇和 95 mL 水,混匀。

4.14 氟喹诺酮类药物标准储备液(2.5mg/mL):准确称取盐酸环丙沙星、恩诺沙星、诺氟沙星、氧氟沙星、甲磺酸达氟沙星、盐酸沙拉沙星各25 mg，分别用30 mmol/L氢氧化钠溶液溶解定容至10 mL，2℃～8℃保存，有效期为12个月。

4.15 氟喹诺酮类药物混合标准储备液Ⅰ（250 μg/mL）：准确量取6种2.5 mg/mL单个标准储备液（4.14）各1 mL置于10 mL容量瓶中，用乙腈稀释定容至10 mL，2℃～8℃保存，有效期为6个月。

4.16 氟喹诺酮类药物混合标准储备液Ⅱ（10 μg/mL）：准确量取250 μg/mL混合标准储备液Ⅰ（4.15）400 μL，用乙腈稀释定容至10 mL，2℃～8℃保存，有效期为6个月。

5 仪器和设备

5.1 液相色谱—串联质谱仪：配电喷雾离子源。

5.2 涡旋混合仪。

5.3 离心机。

5.4 天平：感量0.01 g。

5.5 分析天平：感量0.000 1 g。

5.6 固相萃取装置。

5.7 0.22 μm有机相滤膜。

6 采样和试样制备

按GB/T 14699.1的规定抽取有代表性的饲料样品，用四分法缩减取样。按照GB/T 20195规定的方法制备样品，粉碎后过0.45 mm孔径的分析筛，混匀，装入磨口瓶中备用。

7 测定步骤

7.1 配合饲料、浓缩饲料或精料补充料样品前处理

7.1.1 提取

称取试样5 g（精确到0.01 g）于50 mL离心管中，加入1%甲酸甲醇溶液（4.12）10.0 mL，充分涡旋提取约2 min，5 000 r/min离心5 min，转移上清液至50 mL刻度管中，残余物用1%甲酸甲醇溶液（4.12）10.0 mL重复提取1次，合并2次上清液，混匀，为提取液。准确量取5.0 mL提取液于试管中，50℃氮气吹至1 mL左右，加入5 mL磷酸盐缓冲液（4.11），涡动1 min，为上样溶液。

7.1.2 净化

取HLB固相萃取柱（4.8），先依次用5 mL甲醇（4.7）、5 mL磷酸盐缓冲液（4.11）活化小柱。上样溶液全部过柱，用5%甲醇（4.13）5 mL淋洗，挤干。用1%甲酸甲醇溶液（4.12）5 mL洗脱，挤干，收集洗脱液，涡旋混匀，过滤膜后供上机检测。

7.2 预混合饲料的样品前处理

7.2.1 提取

称取试样2.5 g（精确到0.01 g）于50 mL离心管中，加入1%甲酸甲醇溶液（4.12）10 mL，充分涡旋提取约2 min，5 000 r/min离心5 min，将上清液转移至50 mL刻度管中，残余物用1%甲酸甲醇溶液（4.12）再提取2次，每次10 mL，合并3次上清液，混匀，为总提取液。准确量取7.5 mL总提取液（为分取液）于试管中，50℃氮气吹至约1 mL，加入5 mL磷酸盐缓冲液（4.11），涡动1 min，为上样溶液。

7.2.2 净化

取HLB固相萃取柱（4.8），先依次用5 mL甲醇（4.7）、5 mL磷酸盐缓冲液（4.11）活化小柱。将上样溶液全部通过小柱，用5%甲醇（4.13）5 mL淋洗，挤干。用含1%甲酸甲醇溶液（4.12）5 mL洗脱，挤干，收集洗脱液（为净化液），涡旋混匀，过滤膜后供上机检测。

7.3 基质匹配标准曲线的制备

称取 6 个空白饲料样品，按 7.1～7.2 步骤进行样品前处理后制得多个空白基质样品溶液。准确移取 10 μg/mL 氟喹诺酮类混合标准储备液Ⅱ(4.16)适量，用空白基质样品溶液稀释定容至 5 mL，配制成浓度为 20 ng/mL、50 ng/mL、100 ng/mL、200 ng/mL、500 ng/mL、1 000 ng/mL、2 000 ng/mL 的基质匹配标准溶液，过 0.22 μm 滤膜后上机测定。以特征离子质量色谱峰面积为纵坐标、标准溶液浓度为横坐标，绘制基质匹配标准曲线。

7.4 测定

7.4.1 色谱参考条件

色谱柱：C_{18} 柱，柱长 50 mm，内径 4.6 mm，粒径 1.7 μm；或相当者。

柱温：室温。

流动相：A 为 0.1%甲酸；B 为含 0.1%甲酸的乙腈。梯度洗脱程序见表 1。

流速：0.3 mL/min。

进样体积：10 μL。

表 1 梯度洗脱程序

序号	时间，min	A，%	B，%
1	0.0	92	8
2	2.5	85	15
3	3.5	70	30
4	4.0	92	8
5	5.0	92	8

7.4.2 质谱参考条件

离子源：电喷雾离子源，正离子模式。

检测方式：多反应检测(MRM)。

毛细管电压：2.8 kV。

源温度：80℃。

去溶剂温度：350℃。

锥孔气流：氮气，26 L/h。

去溶剂气流：氮气，600 L/h。

各药物的特征离子对及其相应的锥孔电压、碰撞电压见表 2。

表 2 氟喹诺酮类药物测定的特征离子对、锥孔电压和碰撞能量

序号	药物名称	特征离子对，m/z	定量离子对，m/z	锥孔电压，V	碰撞能，eV
1	氧氟沙星	362.1>261.0 362.1>318.1	362.1>261.0	35	25 20
2	诺氟沙星	320.0>276.0 320.0>302.0	320.0>276.0	35	20 20
3	盐酸环丙沙星	332.1>244.7 332.1>287.8	332.1>244.7	35	20 20
4	甲磺酸达氟沙星	358.1>314.0 358.1>340.0	358.1>340.0	35	20 20
5	恩诺沙星	360.1>245.0 360.1>316.2	360.1>316.2	35	25 20
6	盐酸沙拉沙星	386.0>342.0 386.0>368.0	386.0>342.0	40	20 25

7.4.3 定性测定

目标药物选择 1 个母离子和 2 个特征离子，在相同试验条件下，样品中待测物质的保留时间与标准溶液中对应的保留时间偏差在±2.5%之内，且样品中各组分定性离子的相对丰度与浓度接近的标准溶液中对应的定性离子的相对丰度进行比较，偏差不超过表 3 规定的范围，则可判定为样品中存在对应的待测物。

表 3 定性确证时相对离子丰度的最大允许偏差

单位为百分率

相对离子丰度	>50	>20～50	>10～20	≤10
允许的最大偏差	±20	±25	±30	±50

7.4.4 定量测定

在仪器最佳工作条件下，对基质匹配标准溶液进样，以峰面积为纵坐标、基质匹配标准溶液浓度为横坐标绘制工作曲线，用单点或多点校正对样品进行定量，样品溶液中待测物的响应值均应在仪器测定的线性范围内。上述色谱和质谱条件下，基质匹配标准溶液特征离子色谱图参见图 A.1。

8 结果计算

试样中目标药物含量 X_i 以质量分数计，单位为毫克每千克(mg/kg)，按式(1)计算。

$$X_i = \frac{A \times C_s \times V \times V_2}{A_s \times m \times V_1} \quad \cdots\cdots\cdots (1)$$

式中：

A ——试样溶液中对应目标药物的峰面积；

A_s ——基质匹配标准溶液中对应目标药物的峰面积；

C_s ——基质匹配标准溶液中对应目标药物的浓度，单位为微克每毫升(μg/mL)；

V ——净化液体积，单位为毫升(mL)；

m ——样品的质量，单位为克(g)；

V_1 ——分取液体积，单位为毫升(mL)；

V_2 ——总提取液体积，单位为毫升(mL)。

测定结果用平行测定的算术平均值表示，结果保留三位有效数字。

9 重复性

在重复性条件下获得的两次独立测定结果与这两个测定值算术平均值的绝对差值不大于该平均值的 20%。

附 录 A
(资料性附录)
氟喹诺酮类药物基质匹配标准溶液特征离子色谱图

氟喹诺酮类药物基质匹配标准溶液特征离子色谱图见图 A. 1。

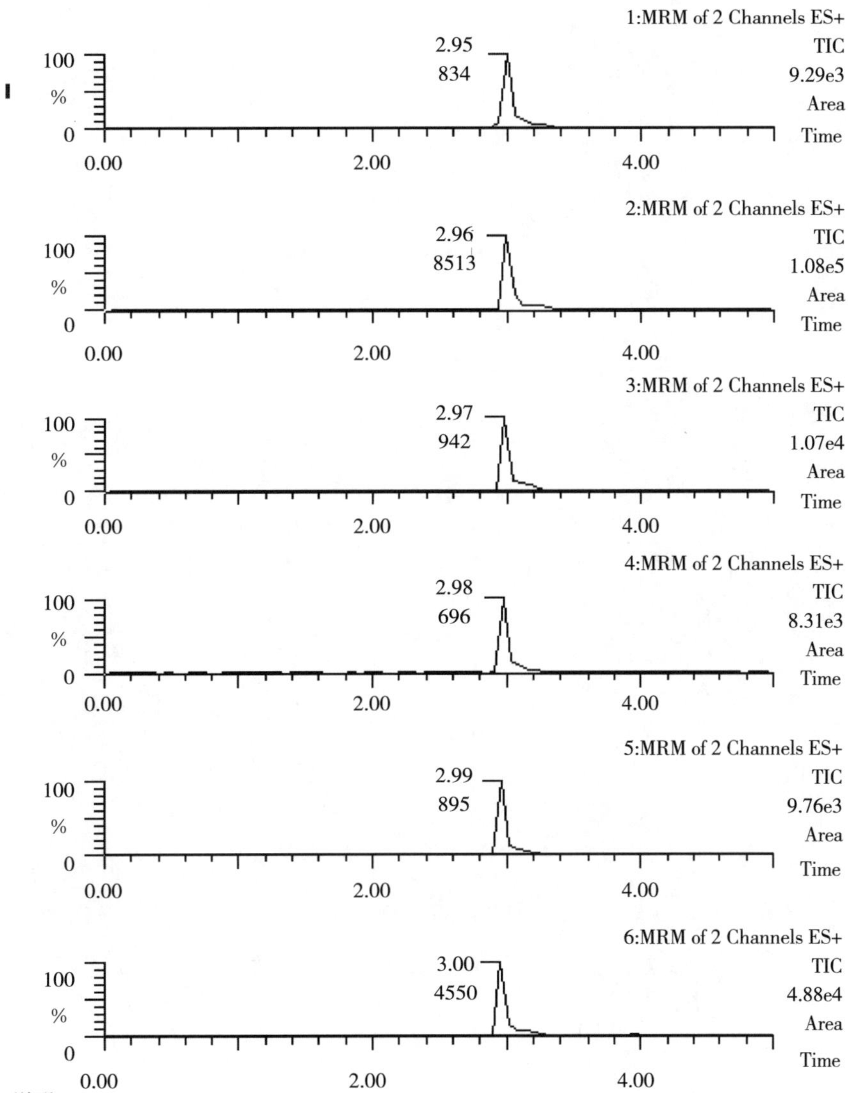

说明:

1——氧氟沙星;
2——诺氟沙星;
3——盐酸环丙沙星;
4——甲磺酸达氟沙星;
5——恩诺沙星;
6——盐酸沙拉沙星。

图 A. 1　50 ng/mL 氟喹诺酮类药物基质匹配标准溶液特征离子色谱图

ICS 65.120
B 46

中华人民共和国国家标准

农业部 2086 号公告—5—2014

饲料中卡巴氧、乙酰甲喹、喹烯酮和喹乙醇的测定 液相色谱—串联质谱法

Determination of carbdox, mequindox, quincetone and olaquindox in feeds—Liquid chromatography-tandem mass spectrometry

2014-04-01 发布　　2014-07-01 实施

中华人民共和国农业部 发布

前　　言

本标准按照 GB/T 1.1—2009 给出的规则起草。

本标准由农业部畜牧业司提出。

本标准由全国饲料工业标准化技术委员会(SAC/TC 76)归口。

本标准起草单位:中国农业大学动物医学院、中国饲料工业协会、新希望六和股份有限公司。

本标准主要起草人:沈建忠、程林丽、王黎文、郭吉原、张素霞、江海洋、丁双阳、吴聪明。

饲料中卡巴氧、乙酰甲喹、喹烯酮和喹乙醇的测定 液相色谱—串联质谱法

1 范围

本标准规定了饲料中卡巴氧、乙酰甲喹、喹烯酮和喹乙醇含量测定的液相色谱—串联质谱法。

本标准适用于配合饲料、浓缩饲料、精料补充料和添加剂预混合饲料中卡巴氧、乙酰甲喹、喹烯酮和喹乙醇含量的测定。

本方法检测的 4 种药物在配合饲料和浓缩饲料中检测限均为 0.06 mg/kg,定量限均为 0.20 mg/kg;精料补充料和添加剂预混合饲料中检测限均为 0.15 mg/kg,定量限均为 0.40 mg/kg。

2 规范性引用文件

下列文件对于本文件的应用是必不可少的。凡是注日期的引用文件,仅注日期的版本适用于本文件。凡是不注日期的引用文件,其最新版本(包括所有的修改单)适用于本文件。

GB/T 6682 分析实验室用水规格和试验方法

GB/T 14699.1 饲料 采样

GB/T 20195 动物饲料 试样的制备

3 原理

采用乙腈和甲酸溶液提取试料中的卡巴氧、乙酰甲喹、喹烯酮和喹乙醇,经 HLB 固相萃取柱净化后液相色谱—串联质谱法测定,基质匹配标准曲线校正,外标法定量。

4 试剂和材料

除非另有说明,在分析中仅使用确认为分析纯的试剂和符合 GB/T 6682 中规定的一级水。

4.1 卡巴氧(Carbdox):纯度≥97.0%。

4.2 乙酰甲喹(Mequindox):纯度≥97.0%。

4.3 喹烯酮(Quincetone):纯度≥97.0%。

4.4 喹乙醇(Olaquindox):纯度≥97.0%。

4.5 乙腈:色谱纯。

4.6 甲醇:色谱纯。

4.7 甲酸:色谱纯。

4.8 盐酸。

4.9 二甲亚砜。

4.10 磷酸二氢钾。

4.11 HLB 固相萃取柱:规格为 200 mg/6mL 或相当者。

4.12 0.1%甲酸溶液:量取 1.0 mL 甲酸于 1 000 mL 水中,混匀。

4.13 0.1%甲酸—乙腈溶液(4+6):量取 400 mL 和 600 mL 乙腈,混匀。

4.14 0.1 moL/L 磷酸二氢钾溶液:称取磷酸二氢钾 13.6 g,用水 1 000 mL 溶解。

4.15 0.02 mol/L 盐酸溶液:准确量取盐酸 1.8 mL,加水稀释至 1 000 mL,混匀。

4.16 5%甲醇:分别量取 5 mL 甲醇和 95 mL 水,混匀。

4.17 20%乙腈溶液:量取 200 mL 乙腈和 800 mL 水,混匀。

4.18 混合标准储备液Ⅰ(1 mg/mL):分别准确称取喹乙醇、卡巴氧、乙酰甲喹和喹烯酮对照品各 10 mg 于 10 mL 棕色量瓶中,用 2 mL 二甲亚砜溶解,并用甲醇定容。−20℃密封避光保存,有效期 3 个月。

4.19 混合标准储备液Ⅱ(100 μg/mL):量取 1 mg/mL 混合标准储备液 1 mL,用乙腈稀释定容到 10 mL。−20 ℃密封避光保存,有效期 3 个月。

4.20 混合标准储备液Ⅲ(500 ng/mL):准确量取 100 μg/mL 混合标准储备液 500 μL,用乙腈稀释定容至 100 mL。−20 ℃密封避光保存,有效期 3 个月。

5 仪器和设备

5.1 液相色谱—串联质谱仪:配电喷雾离子源。

5.2 分析天平:感量 0.000 1 g。

5.3 天平:感量 0.01 g。

5.4 离心机:可达 10 000 r/min。

5.5 涡旋混合器。

5.6 固相萃取装置。

5.7 氮吹仪。

5.8 水浴超声波清洗仪。

5.9 0.22 μm 有机相滤膜。

6 采样和试样制备

按 GB/T 14699.1 的规定抽取有代表性的饲料样品,用四分法缩减取样。按照 GB/T 20195 的规定制备样品,粉碎后过 0.45 mm 孔径的分析筛,混匀,装入磨口瓶中备用。

7 测定步骤

警告:整个样品处理过程均需注意避光。

7.1 样品提取

准确称取配合饲料、精料补充料和浓缩饲料 2 g(精确至 0.01 g),或预混合饲料 1 g(精确至 0.01 g),以及相同质量的基质匹配空白试料分别于 50 mL 聚丙烯离心管中。加入 0.1%甲酸—乙腈溶液(4.13)10 mL ,涡动 1 min,40℃超声波清洗仪中超声 10 min。9 000 r/min 离心 15 min,收集上清液。残渣用 0.1%甲酸—乙腈溶液(4.13)10 mL 重复提取一次,合并两次提取液,混匀,为总提取液。准确量取 5.0 mL 总提取液(为分取液)于 10 mL 试管中,60℃下氮气吹至约 2 mL,加入 0.1 moL/L 磷酸二氢钾溶液(4.14)4 mL,充分溶解残余物,为备用液。

7.2 样品净化

取 HLB 固相萃取柱,依次用 3 mL 甲醇(4.6)和 3 mL 水活化。取备用液过柱,依次用 0.02 mol/L 盐酸(4.15)3 mL 和 5%甲醇(4.16)3 mL 淋洗,挤干。用 5 mL 甲醇(4.6)洗脱,收集洗脱液,60℃下氮气吹干,加入 20%乙腈溶液(4.17)1 mL 充分溶解,为净化液。过 0.22 μm 滤膜后供上机检测。

7.3 基质匹配标准曲线的制备

称取 6 个空白饲料,按 7.1~7.2 步骤进行样品前处理后制得多个 1 mL 空白基质样品溶液,混合均匀。准确移取合适浓度的喹乙醇、卡巴氧、乙酰甲喹和喹烯酮混合标准储备液适量，氮气吹干，用 1 mL 空白基质样品溶液溶解，配制成浓度为 25 ng/mL、50 ng/mL、100 ng/mL、200 ng/mL、500 ng/mL、1 000 ng/mL的基质匹配标准溶液，过 0.22 μm 滤膜后上机测定。以特征离子质量色谱峰面积为纵坐标、标准溶液浓度为横坐标，绘制基质匹配标准曲线。

7.4 测定

7.4.1 色谱参考条件

色谱柱：C_{18}柱，柱长 50 mm ，内径 2.1 mm，粒度 1.7 μm；或相当者。

流动相：A 为含 0.1%甲酸的乙腈溶液，B 为 0.1%甲酸水溶液，梯度洗脱程序见表 1。

流速：0.2 mL/min。

进样量：10 μL。

表 1 梯度洗脱程序

序号	时间，min	A，%	B，%
1	0	88	12
2	1.0	88	12
3	2.0	50	50
4	3.5	12	88
5	4.5	88	12
6	5.0	88	12

7.4.2 质谱参考条件

离子源：电喷雾离子源。

扫描方式：正离子扫描。

检测方式：多反应监测 MRM。

电离电压：2.8 kV。

源温：80℃。

雾化温度：350℃。

锥孔气流速：27 L/h。

雾化气流速：600 L/h。

定性离子对、定量离子对和对应的仪器条件参考值见表 2。

表 2 定性、定量离子和锥孔电压、碰撞能量

药物名称	定性离子对 m/z	定量离子对 m/z	锥孔电压 V	碰撞能量 eV
卡巴氧	263>229	263>231	30	15
	263>231		30	15
乙酰甲喹	219>160	219>185	18	15
	219>185		18	15
喹烯酮	307>273	307>273	15	25
	307>197		15	25
喹乙醇	264>143	264>143	25	30
	264>212		25	30

7.4.3 定性测定

目标药物选择 1 个母离子和 2 个特征离子，在相同试验条件下，样品中待测物质的保留时间与标准溶液中对应的保留时间偏差在±2.5%之内，且样品中各组分定性离子的相对丰度与浓度接近的标准溶液中对应的定性离子的相对丰度进行比较，偏差不超过表 3 规定的范围，则可判定为样品中存在对应的待测物。

表 3　定性确证时相对离子丰度的最大允许偏差

单位为百分率

相对离子丰度	>50	>20～50	>10～20	≤10
允许的最大偏差	±20	±25	±30	±50

7.4.4　定量测定

在仪器最佳工作条件下，对基质匹配标准溶液进样，以峰面积为纵坐标、基质匹配标准溶液浓度为横坐标绘制工作曲线，用单点或多点校正对样品进行定量，样品溶液中待测物的响应值均应在仪器测定的线性范围内。上述色谱和质谱条件下，基质匹配标准溶液特征离子色谱图参见图 A.1。

8　结果计算

试样中目标药物含量 X_i 以质量分数计，单位为毫克每千克(mg/kg)，按式(1)计算。

$$X_i=\frac{A\times C_s\times V\times V_2}{A_s\times m\times V_1} \quad\cdots\cdots(1)$$

式中：

A ——试样溶液中对应目标药物的峰面积；

A_s ——基质匹配标准溶液中对应目标药物的峰面积；

C_s ——基质匹配标准溶液中对应目标药物的浓度，单位为微克每毫升(μg/mL)；

V ——净化液体积，单位为毫升(mL)；

m ——样品的质量，单位为克(g)；

V_1 ——分取液体积，单位为毫升(mL)；

V_2 ——总提取液体积，单位为毫升(mL)。

测定结果用平行测定的算术平均值表示，结果保留三位有效数字。

9　重复性

在重复性条件下获得的两次独立测定结果与这两个测定值算术平均值的绝对差值不大于该平均值的 20%。

附　录　A
（资料性附录）
基质匹配标准溶液特征离子色谱图

卡巴氧、乙酰甲喹、喹烯酮和喹乙醇基质匹配标准溶液特征离子色谱图见图A.1。

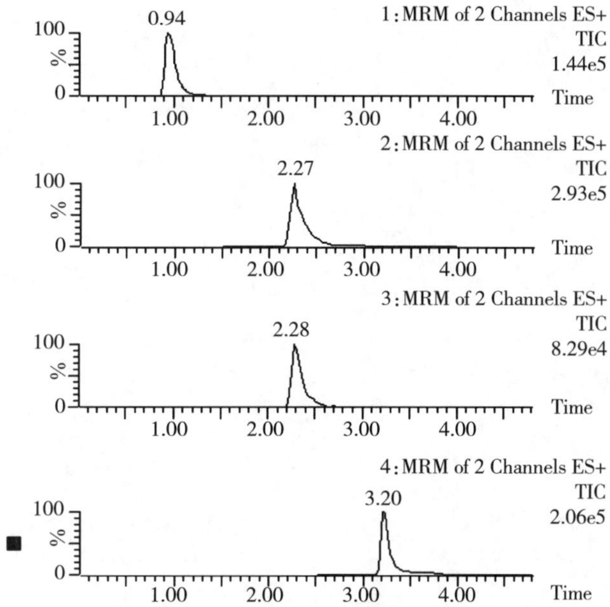

说明：

1——卡巴氧；　　3——喹烯酮；

2——乙酰甲喹；　　4——喹乙醇。

图A.1　卡巴氧、乙酰甲喹、喹烯酮和喹乙醇基质匹配标准溶液（20 μg/L）特征离子色谱图

ICS 65.120
B 46

中华人民共和国国家标准

农业部2086号公告—6—2014

饲料中硫酸黏杆菌素的测定 液相色谱—串联质谱法

Determination of colistin sulfate in feeds—
Liquid chromatography-tandem mass spectrometry

2014-04-01 发布　　2014-07-01 实施

中华人民共和国农业部 发布

前　　言

本标准按照 GB/T 1.1—2009 给出的规则起草。

本标准由农业部畜牧业司提出。

本标准由全国饲料工业标准化技术委员会(SAC/TC 76)归口。

本标准起草单位:中国农业大学动物医学院。

本标准主要起草人:肖希龙、汤树生、毕延峰、程林丽、张素霞、沈建忠。

饲料中硫酸黏杆菌素的测定 液相色谱—串联质谱法

1 范围

本标准规定了饲料中硫酸黏杆菌素含量测定的液相色谱—串联质谱方法。

本标准适用于配合饲料、浓缩饲料、添加剂预混合饲料中硫酸黏杆菌素含量的测定。

本方法硫酸黏杆菌素的检测限为 0.01 mg/kg,定量限为 0.03 mg/kg。

2 规范性引用文件

下列文件对于本文件的应用是必不可少的。凡是注日期的引用文件,仅注日期的版本适用于本文件。凡是不注日期的引用文件,其最新版本(包括所有的修改单)适用于本文件。

GB/T 6682 分析实验室用水规格和试验方法

GB/T 14699.1 饲料 采样

GB/T 20195 动物饲料 试样的制备

3 方法提要

饲料中的硫酸黏杆菌素经三氯乙酸溶液提取,同时用乙酸铅沉淀蛋白,再经 HLB 固相萃取柱净化,浓缩后采用液相色谱—串联质谱法检测,外标法定量。

4 试剂和材料

除非另有说明,在分析中仅使用确认为分析纯的试剂和符合 GB/T 6682 中规定的一级水。

4.1 硫酸黏杆菌素标准品(Colistin Sulfate):纯度≥97%。

4.2 乙腈:色谱纯。

4.3 甲醇:色谱纯。

4.4 甲酸:分析纯(样品前处理用)和色谱纯(仪器检测时配流动相用)。

4.5 三氯乙酸。

4.6 乙酸铅。

4.7 2%和 4%三氯乙酸溶液:分别准确称取 20 g 和 40 g 三氯乙酸(4.5),分别用水溶解至 1 000 mL。

4.8 4%乙酸铅溶液:准确称取 40 g 乙酸铅(4.6),用水溶解至 1 000 mL。

4.9 0.1%甲酸水溶液:准确量取 1 mL 分析纯的甲酸(4.4),用水稀释至 1 000 mL。

4.10 硫酸黏杆菌素标准储备液(1 mg/mL):准确称取硫酸黏杆菌素标准品(4.1)10 mg(精确到 0.000 1 g),用 0.1%甲酸水溶液(4.9)溶解定容到 10 mL,4℃保存,有效期 6 个月。

4.11 硫酸黏杆菌素标准储备液Ⅰ(100 μg/mL):准确量取适量的 1 mg/mL 标准储备液(4.10),用 0.1%甲酸水溶液(4.9)稀释成 100 μg/mL 的标准储备液,4℃保存,有效期 6 个月。

4.12 硫酸黏杆菌素标准储备液Ⅱ(10 μg/mL):准确量取适量的 100 μg/mL 标准溶液(4.11),用 0.1%甲酸水溶液(4.9)稀释成 10 μg/mL 的系列硫酸黏杆菌素标准溶液,4℃保存,有效期 6 个月。

5 仪器和设备

5.1 超高效液相色谱—串联质谱联用仪:配电喷雾离子源。

5.2 超声仪。

5.3 旋涡混合器。

5.4 氮吹仪。

5.5 高速离心机。

5.6 天平:感量 0.01 g。

5.7 分析天平:感量 0.000 1 g。

5.8 HLB 固相萃取柱:规格为 500 mg/6 mL。

5.9 固相萃取装置。

5.10 0.22 μm 有机滤膜。

6 采样与试样制备

按 GB/T 14699.1 的规定抽取有代表性的饲料样品,用四分法缩减取样。按照 GB/T 20195 的规定制备样品,粉碎后过 0.45 mm 孔径的分析筛,混匀,装入磨口瓶中备用。

7 分析步骤

7.1 样品前处理

7.1.1 提取

称取配合饲料或浓缩饲料 5 g(精确到 0.01 g),或预混合饲料 2 g(精确到 0.01 g)于 100 mL 离心管中,加入 4%三氯乙酸溶液(4.7)25 mL 和 4%乙酸铅溶液(4.8)25 mL,超声提取 30 min,5 000 r/min 离心 10 min,转移上清液备用,为总提取液。

7.1.2 净化

依次用甲醇(4.3)5 mL、水 5 mL、2%三氯乙酸溶液(4.7)5 mL 活化 HLB 固相萃取柱,准确量取提取液(为分取液;配合饲料 10 mL、浓缩饲料 5 mL、预混合饲料 1 mL)过柱,用 2%三氯乙酸溶液(4.7)5 mL淋洗 2 次,负压抽干残余的水分,用甲醇(4.3)10 mL 洗脱药物。将洗脱液在 30℃水浴中氮气吹干,加入 0.1%甲酸水溶液(4.9)1.0 mL 溶解残留物,为净化液。经 0.22 μm 滤膜过滤后,供液相色谱—串联质谱仪测定。

7.2 基质匹配标准曲线的制备

准确移取硫酸黏杆菌素标准溶液(4.12)适量,分别加入 6 份空白样品中。经提取、净化及浓缩后,加 0.1%甲酸水溶液(4.9)定容至 1 mL,充分混匀,制得浓度为 10 ng/mL、30 ng/mL、100 ng/mL、300 ng/mL、1 000 ng/mL、2 000 ng/mL、5 000 ng/mL 的基质匹配标准工作液,现配现用。

7.3 液相色谱参考条件

色谱柱:C_{18}柱,柱长 50 mm,内径 2.1 mm,粒径 1.7 μm;或相当者。

流动相:A 为 0.1%甲酸乙腈溶液,B 为 0.1%甲酸水溶液。

流速:0.4 mL/min。

进样量:10 μL。

梯度洗脱程序见表 1。

表 1 梯度洗脱程序

序号	时间,min	A,%	B,%
1	0.0	2	98
2	2.0	20	80
3	3.5	60	40

表1（续）

序号	时间，min	A，%	B，%
4	4.0	90	10
5	5.5	2	98

7.4 质谱参考条件

离子源：电喷雾离子源，正离子模式。

检测方式：多反应监测（MRM）。

毛细管电压：1.5 kV。

源温度：120℃。

去溶剂温度：350℃。

二级碰撞气：氩气。

锥孔气流速：50 L/h。

去溶剂气流速：600 L/h。

硫酸黏杆菌素的特征离子对及其相应的锥孔电压、碰撞电压见表2。

表2　硫酸黏杆菌素的特征离子对、锥孔电压和碰撞能量

分析物	特征离子对，m/z	定量离子对，m/z	锥孔电压，V	碰撞能量，eV
硫酸黏杆菌素A	390.8>384.9	390.8>384.9	25	12
	390.8>379.1			13
硫酸黏杆菌素B	386.2>380.2	386.2>380.2	25	12
	386.2>374.4			12

7.5 定性测定

在相同试验条件下，样品中待测物的保留时间与标准工作液的保留时间偏差在±2.5%之内，并且样品谱图中各组分定性离子的相对丰度与浓度接近标准工作液中对应的定性离子对的相对丰度进行比较，若偏差不超过表3规定的范围，则可判定为样品中存在对应的待测物。

表3　定性确证时相对离子丰度的最大允许偏差

单位为百分率

相对离子丰度	>50	>20～50	>10～20	≤10
允许的最大偏差	±20	±25	±30	±50

7.6 定量测定

分别取适量试样溶液和相应浓度的基质匹配标准工作液，做单点校准或多点校准，以色谱峰面积的积分值定量。标准工作液及试样液中药物的响应值均应在仪器检测的线性范围内，试样液进样过程中应参插基质匹配标准工作液，以便准确定量。相关谱图参见图A.1。

8 结果计算

试样中目标药物含量 X_i 以质量分数计，单位为毫克每千克（mg/kg），按式（1）计算。

$$X_i = \frac{A \times C_s \times V \times V_2}{A_s \times m \times V_1} \quad \cdots\cdots (1)$$

式中：

A ——试样溶液中对应目标药物的峰面积；

A_s ——基质匹配标准溶液中对应目标药物的峰面积；

C_s ——基质匹配标准溶液中对应目标药物的浓度，单位为微克每毫升（μg/mL）；

V ——净化液体积，单位为毫升(mL)；

m ——样品的质量，单位为克(g)；

V_1 ——分取液体积，单位为毫升(mL)；

V_2 ——总提取液体积，单位为毫升(mL)。

测定结果用平行测定的算术平均值表示，结果保留三位有效数字。

9 重复性

在重复性条件下获得的两次独立测定结果与这两个测定值算术平均值的绝对差值不大于该平均值的20%。

附　录　A
（资料性附录）
硫酸黏杆菌素基质匹配标准溶液特征离子色谱图

硫酸黏杆菌素基质匹配标准溶液特征离子色谱图见图 A.1。

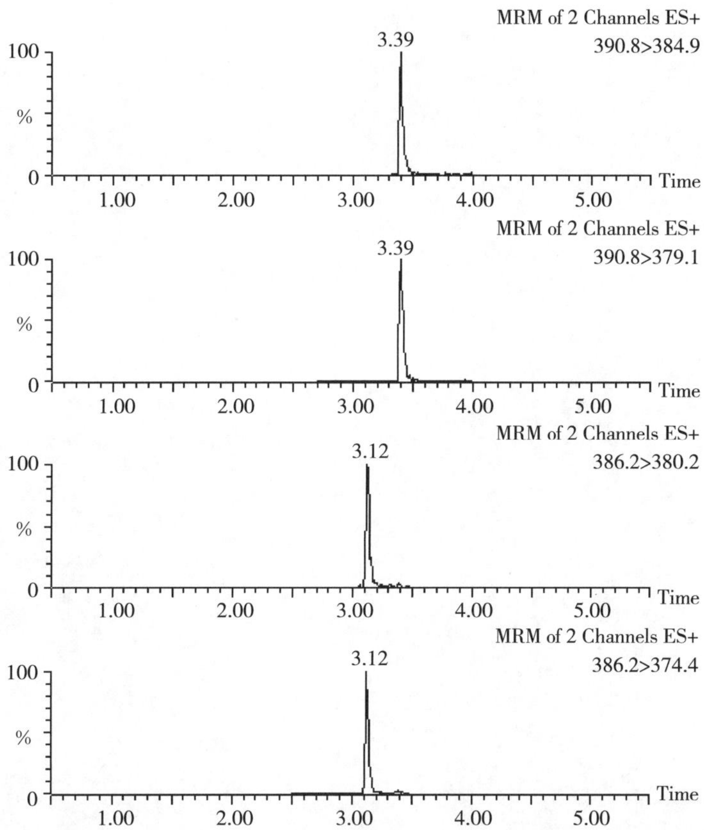

图 A.1　硫酸黏杆菌素基质匹配标准溶液（10 ng/mL）特征离子质量色谱图

注：硫酸黏杆菌素 A：390.8>384.9，390.8>379.1；硫酸黏杆菌素 B：386.2>380.2，386.2>374.4。

ICS 65.120
B 46

中华人民共和国国家标准

农业部2086号公告—7—2014

饲料中大观霉素的测定

Determination of spectinomycin in feeds

2014-04-01 发布 2014-07-01 实施

中华人民共和国农业部 发布

前　　言

本标准按照 GB/T 1.1—2009 给出的规则起草。

本标准由农业部畜牧业司提出。

本标准由全国饲料工业标准化技术委员会(SAC/TC 76)归口。

本标准起草单位:北京市饲料监察所。

本标准主要起草人:魏秀莲、孙志文、怀文辉、王有月、冯秀燕、左文霞、邓程君、郑君杰、赵营、贾涛、李月、卢光菊、徐理奇。

饲料中大观霉素的测定

1 范围

本标准规定了饲料中大观霉素含量测定的高效液相色谱法和高效液相色谱—串联质谱法。

本标准高效液相色谱法适用于配合饲料中大观霉素的测定;高效液相色谱—串联质谱法适用于配合饲料、浓缩饲料、添加剂预混合饲料、精料补充料中大观霉素的测定。

高效液相色谱法检测限为 2.0 mg/kg,定量限为 5.0 mg/kg;高效液相色谱—串联质谱法检测限为 1.0 mg/kg,定量限为 2.0 mg/kg。

2 规范性引用文件

下列文件对于本文件的应用是必不可少的。凡是注日期的引用文件,仅注日期的版本适用于本文件。凡是不注日期的引用文件,其最新版本(包括所有的修改单)适用于本文件。

GB/T 6682 分析实验室用水规格和试验方法

GB/T 14699.1 饲料 采样

GB/T 20195 动物饲料 试样的制备

3 原理

饲料中大观霉素用酸化甲醇溶液提取,强阳离子柱净化,氨化甲醇洗脱,浓缩后流动相溶解,高效液相色谱法或液相色谱—串联质谱法测定,外标法定量。

4 液相色谱法

4.1 试剂和材料

以下所用的试剂,除特别注明者外均为分析纯试剂;水为符合 GB/T 6682 规定的一级水。

4.1.1 甲醇:色谱纯。

4.1.2 三氟乙酸:色谱纯。

4.1.3 氨水。

4.1.4 5%草酸溶液:取草酸 5 g,加水溶解并稀释至 100 mL。

4.1.5 80%甲醇草酸提取液:取 80 mL 甲醇,加 5%草酸溶液(4.1.4)稀释至 100 mL。

4.1.6 10%氨化甲醇:取氨水 10 mL,加甲醇稀释至 100 mL。

4.1.7 0.05 mol/L 三氟乙酸溶液:取 1.8 mL 三氟乙酸,加水稀释至 1 000 mL。

4.1.8 大观霉素对照品:纯度大于 98.5%。

4.1.9 大观霉素标准储备液:称取大观霉素对照品适量,用水溶解并定容配制成含大观霉素 1 mg/mL 的标准储备液。4℃保存,有效期为 3 个月。

4.1.10 大观霉素标准工作液:精密量取适量大观霉素储备液,流动相稀释成 5 μg/mL、10 μg /mL、20 μg /mL、50 μg /mL、100 μg /mL、200 μg /mL 的标准工作溶液。现配现用。

4.1.11 强阳离子固相萃取柱:200 mg/6 mL,或相当者。

4.1.12 微孔滤头:0.22 μm。

4.2 仪器和设备

4.2.1 高效液相色谱:配蒸发光散射检测器。

4.2.2 涡旋振荡器。

4.2.3 离心机。

4.2.4 氮吹仪。

4.2.5 分析天平:感量 0.1 mg。

4.2.6 天平:感量 0.01 g。

4.2.7 固相萃取装置。

4.3 试样制备

按 GB/T 14699.1 的规定抽取有代表性的饲料样品,用四分法缩减取样。按照 GB/T 20195 规定的方法制备样品,粉碎后过 0.45 mm 孔径的分析筛,混匀,装入磨口瓶中,避光低温保存,备用。

4.4 测定步骤

4.4.1 提取

称取配合饲料 2 g(精确到 0.01 g),置于 50 mL 塑料离心管中,加 20 mL 提取液(4.1.5),充分涡旋提取,10 000 r/min 离心 5 min,取上清液,残留物用 10 mL 提取液重复提取一次,合并上清液,混匀,做净化备用液。

4.4.2 净化

阳离子固相萃取小柱依次用甲醇、水各 5 mL 活化,取备用液 15 mL 过柱。依次用水、甲醇各 5 mL 淋洗,抽干。用 10%氨化甲醇(4.1.6)10 mL 洗脱,洗脱液 40℃下氮气吹干,残余物用流动相 1 mL 溶解,涡旋溶解,过 0.22 μm 滤膜,定容至 1 mL,供高效液相色谱仪测定。

4.4.3 测定

4.4.3.1 色谱参考条件

色谱柱:ASB C_{18}柱,柱长 250 mm,柱内径 4.6 mm, 粒径 5 μm;或相当者。

柱温:室温。

进样量:20 μL。

流动相:甲醇:0.05 mol/L 三氟乙酸溶液=5∶95。

流速:0.6 mL/min。

蒸发光检测器:漂移管温度为 110℃,气体流速为 2.5 L/min。

4.4.3.2 定量测定

在仪器最佳工作条件下,对标准工作液进样,采用与测试试样浓度接近的单点标准溶液外标法定量,或以标准工作液中被测组分峰面积为纵坐标、相应被测组分浓度为横坐标绘制工作曲线,用工作曲线对试样进行定量,试样溶液中待测物的响应值均应在仪器测定的线性范围内。大观霉素标准工作液色谱图参见图 A.1。

4.5 计算与表示

4.5.1 结果计算

试样中大观霉素含量 X 以质量分数计,单位为毫克每千克(mg/kg),按式(1)计算。

$$X=\frac{A\times C_s\times V\times V_2}{A_s\times m\times V_1} \qquad (1)$$

式中:

A ——试样溶液大观霉素的峰面积;

A_s ——标准工作液大观霉素峰面积;

C_s ——标准工作液大观霉素浓度,单位为微克每毫升(μg/mL);

V ——上机前最终定容体积,单位为毫升(mL);

m ——试样的质量，单位为克(g)；

V_1 ——提取液过固相萃取柱的体积，单位为毫升(mL)；

V_2 ——提取液总体积，单位为毫升(mL)。

4.5.2 结果表示

测定结果用平行测定的算术平均值表示，结果保留三位有效数字。

4.6 重复性

在重复性条件下获得的两次独立测定结果的绝对差值不得超过算术平均值的 20%。

5 高效液相色谱—串联质谱法(确证法)

5.1 试剂和材料

以下所用的试剂，除特别注明者外均为分析纯试剂；水为符合 GB/T 6682 规定的一级水。

5.1.1 乙腈：色谱纯。

5.1.2 甲酸：色谱纯。

5.1.3 草酸。

5.1.4 氨水。

5.1.5 5%草酸溶液：取草酸 5 g，加水溶解并稀释至 100 mL。

5.1.6 80%甲醇草酸提取液：取 80 mL 甲醇，加 5%草酸溶液(5.1.5)稀释至 100 mL。

5.1.7 10%氨化甲醇：取氨水 10 mL，加甲醇稀释至 100 mL。

5.1.8 0.3%甲酸溶液：取 3 mL 甲酸，加水稀释至 1 000 mL。

5.1.9 大观霉素对照品：纯度大于 98.5%。

5.1.10 大观霉素标准储备液：称取大观霉素对照品适量，用水溶解并定容配制成含大观霉素 1 mg/mL 的标准储备液。4℃保存，有效期为 3 个月。

5.1.11 大观霉素基质匹配标准工作液的制备：准确移取大观霉素标准储备液适量，依次加入 6 个空白饲料样品中，充分混匀，经 5.3.1～5.3.2 步骤处理，制得理论浓度为 0.2 μg/mL、0.5 μg/mL、1.0 μg/mL、2.5 μg/mL、5.0 μg/mL、10.0 μg/mL 的基质匹配系列标准溶液。现配现用。

5.1.12 强阳离子固相萃取柱：200 mg/6 mL；或相当者。

5.1.13 微孔滤头：0.22 μm。

5.2 仪器和设备

5.2.1 高效液相色谱—串联质谱仪：配电喷雾(ESI)离子源。

5.2.2 涡旋振荡器。

5.2.3 离心机。

5.2.4 氮吹仪。

5.2.5 分析天平：感量 0.1 mg。

5.2.6 天平：感量 0.01 g。

5.2.7 固相萃取装置。

5.3 测定步骤

5.3.1 提取

称取饲料 2 g(精确到 0.01 g)，置于 50 mL 塑料离心管中，加 20 mL 提取液(5.1.6)，充分涡旋提取，10 000 r/min 离心 5 min，取上清液，残留物用 10 mL 提取液重复提取一次，合并上清液，混匀，做净化备用液。

5.3.2 净化

阳离子固相萃小柱依次用甲醇、水各 5 mL 活化。取备用液 6 mL 过柱，依次用水、甲醇各 5 mL 淋洗，抽干。用 10%氨化甲醇(5.1.7)10 mL 洗脱，洗脱液 40℃下氮气吹干，残余物用 2%甲酸 1 mL 溶解，涡旋溶解，过 0.22 μm 滤膜，定容至 1 mL，供测定。

5.3.3 测定

5.3.3.1 液相色谱条件

色谱柱：亲水相互作用(Hilic)色谱柱，柱长 50 mm，柱内径 2.1 mm，粒径 1.7 μm；或相当者。

柱温：30℃。

进样量：10 μL。

流动相：A：乙腈；B：0.3%甲酸水。

流速：0.4 mL/min。

梯度洗脱：见表 1。

表 1 大观霉素梯度洗脱程序

序号	时间，min	流速，mL/min	A，%	B，%	线性
1	起始	0.4	98	2	起始
2	1.0	0.4	98	2	6
3	3.5	0.4	20	80	6
4	4.0	0.4	20	80	6
5	5.0	0.4	98	2	6
6	6.0	0.4	98	2	6

5.3.3.2 质谱条件

离子源：电喷雾 ESI 离子源。

扫描方式：正离子扫描。

检测方式：多反应监测。

雾化气、锥孔气均为高纯氮气；碰撞气为高纯氩气；使用前，应调节各气体流量，以使质谱灵敏度达到检测要求；定性、定量离子对和锥孔电压及碰撞能量见表 2。

表 2 大观霉素定性、定量离子和锥孔电压、碰撞能量

药物名称	定性离子对，m/z	定量离子对，m/z	锥孔电压，V	碰撞能量，eV
大观霉素	351.6>207.2	351.6>333.3	40	20
	351.6>333.3			15

5.3.3.3 定性测定

大观霉素选择 1 个母离子和 2 个特征离子，在相同试验条件下，试样中待测物质的保留时间与基质匹配标准工作液对应的保留时间偏差在±2.5%之内，且试样中各组分定性离子的相对丰度与浓度接近的基质匹配标准工作液对应的定性离子的相对丰度进行比较，偏差不超过表 3 规定的范围，则可判定为试样中存在对应的待测物。

表 3 定性确证时相对离子丰度的最大允许偏差

单位为百分率

相对离子丰度	>50	>20～50	>10～20	≤10
允许的最大偏差	±20	±25	±30	±50

5.3.3.4 定量测定

在仪器最佳工作条件下，对基质匹配标准工作液进样，采用与测试试样浓度接近的单点基质匹配标准工作液外标法定量，或以基质匹配标准工作液中被测组分峰面积为纵坐标、相应被测组分浓度为横坐标绘制工作曲线，用工作曲线对试样进行定量，试样溶液中待测物的响应值均应在仪器测定的线性范围内。上述色谱和质谱条件下，基质匹配标准工作液多反应监测(MRM)色谱图参见图 A.2。

5.4 计算与表示

5.4.1 结果计算

试样中大观霉素含量 X 以质量分数计，单位为毫克每千克(mg/kg)，按式(2)计算。

$$X=\frac{A\times C_s\times V\times V_2}{A_s\times m\times V_1} \quad \cdots\cdots (2)$$

式中：

A ——试样溶液中大观霉素的峰面积；

A_s ——基质匹配标准工作液大观霉素峰面积；

C_s ——基质匹配标准工作液中大观霉素浓度，单位为微克每毫升(μg/mL)；

V ——上机前最终定容体积，单位为毫升(mL)；

m ——试样的质量，单位为克(g)；

V_1 ——提取液过固相萃取柱的体积，单位为毫升(mL)；

V_2 ——总提取液体积，单位为毫升(mL)。

5.4.2 结果表示

测定结果用平行测定的算术平均值表示，结果保留三位有效数字。

5.4.3 重复性

在重复性条件下获得的两次独立测定结果的绝对差值不得超过算术平均值的 20%。

附 录 A
（资料性附录）
大观霉素色谱图

A.1 大观霉素标准工作液(5 mg/mL)色谱图

见图 A.1。

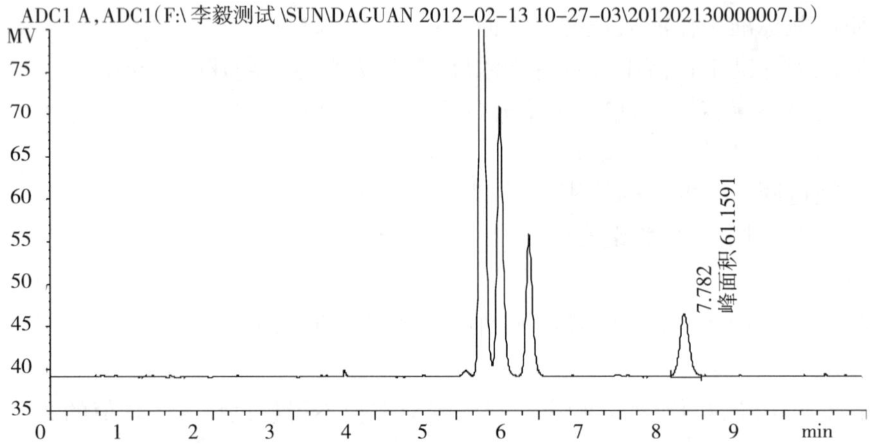

图 A.1 大观霉素标准工作液(5 mg/mL)色谱图

A.2 大观霉素基质匹配标准工作液(0.5 μg/mL)多反应监测(MRM)色谱图

见图 A.2。

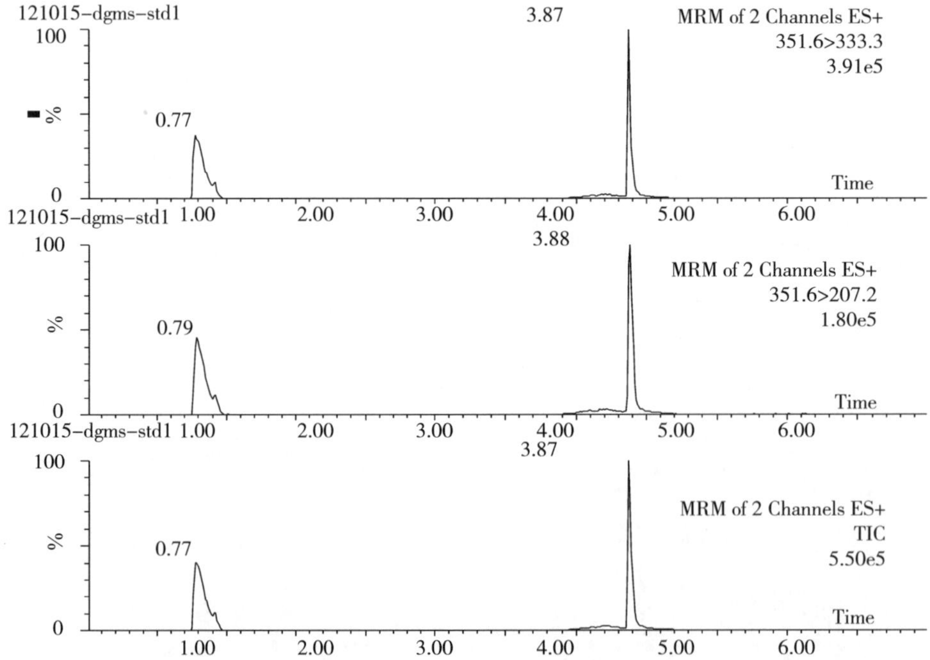

图 A.2 大观霉素基质匹配标准工作液(0.5 μg/mL)多反应监测(MRM)色谱图

附录

中华人民共和国农业部公告
第2052号

《农业部公文编码规范》业经专家审定通过，现批准发布为中华人民共和国农业行业标准，标准号为NY/T 2536—2014，自2014年7月1日起实施。

特此公告。

农业部

2014年1月14日

中华人民共和国农业部公告
第 2062 号

《农村土地承包经营权调查规程》等 3 项标准业经专家审定通过，现批准发布为中华人民共和国农业行业标准，自 2014 年 3 月 1 日起实施。

特此公告。

农业部

2014 年 2 月 19 日

附件：

《农村土地承包经营权调查规程》等3项农业行业标准目录

序号	标准号	标准名称	代替标准号
1	NY/T 2537—2014	农村土地承包经营权调查规程	
2	NY/T 2538—2014	农村土地承包经营权要素编码规则	
3	NY/T 2539—2014	农村土地承包经营权确权登记数据库规范	

国家卫生和计划生育委员会
中华人民共和国农业部
公 告
2014年第4号

根据《食品安全法》规定，经食品安全国家标准审评委员会审查通过，现发布《食品安全国家标准 食品中农药最大残留限量》(GB 2763—2014)，自2014年8月1日起施行。《食品安全国家标准 食品中农药最大残留限量》(GB 2763—2012)同时废止。

特此公告。

国家卫生和计划生育委员会
农业部
2014年3月20日

中华人民共和国农业部公告
第 2081 号

《肥料　钾含量的测定》等 125 项标准业经专家审定通过，现批准发布为中华人民共和国农业行业标准，自 2014 年 6 月 1 日起实施。

特此公告。

附件：《肥料　钾含量的测定》等 125 项农业行业标准目录

农业部

2014 年 3 月 24 日

附 录

附件：

《肥料　钾含量的测定》等125项农业行业标准目录

序号	标准号	标准名称	代替标准号
1	NY/T 2540—2014	肥料　钾含量的测定	
2	NY/T 2541—2014	肥料　磷含量的测定	
3	NY/T 2542—2014	肥料　总氮含量的测定	
4	NY/T 2543—2014	肥料增效剂　效果试验和评价要求	
5	NY/T 2544—2014	肥料效果试验和评价通用要求	
6	NY/T 2545—2014	植物性农产品中黄曲霉毒素现场筛查技术规程	
7	NY/T 2546—2014	油稻稻三熟制油菜全程机械化生产技术规程	
8	NY/T 2547—2014	生鲜乳中黄曲霉毒素 M_1 筛查技术规程	
9	NY/T 2548—2014	饲料中黄曲霉毒素 B_1 的测定　时间分辨荧光免疫层析法	
10	NY/T 2549—2014	饲料中黄曲霉毒素 B_1 的测定　免疫亲和荧光光度法	
11	NY/T 2550—2014	饲料中黄曲霉毒素 B_1 的测定　胶体金法	
12	NY/T 2551—2014	红掌　种苗	
13	NY/T 2552—2014	能源木薯等级规格　鲜木薯	
14	NY/T 2553—2014	椰子　种苗繁育技术规程	
15	NY/T 2554—2014	生咖啡　贮存和运输导则	
16	NY/T 2555—2014	植物新品种特异性、一致性和稳定性测试指南　秋海棠属	
17	NY/T 2556—2014	植物新品种特异性、一致性和稳定性测试指南　果子蔓属	
18	NY/T 2557—2014	植物新品种特异性、一致性和稳定性测试指南　花烛属	
19	NY/T 2558—2014	植物新品种特异性、一致性和稳定性测试指南　唐菖蒲属	
20	NY/T 2559—2014	植物新品种特异性、一致性和稳定性测试指南　莴苣	
21	NY/T 2560—2014	植物新品种特异性、一致性和稳定性测试指南　香菇	
22	NY/T 2561—2014	植物新品种特异性、一致性和稳定性测试指南　胡萝卜	
23	NY/T 2562—2014	植物新品种特异性、一致性和稳定性测试指南　亚麻	
24	NY/T 2563—2014	植物新品种特异性、一致性和稳定性测试指南　葡萄	
25	NY/T 2564—2014	植物新品种特异性、一致性和稳定性测试指南　荔枝	
26	NY/T 2565—2014	植物新品种特异性、一致性和稳定性测试指南　白三叶	
27	NY/T 2566—2014	植物新品种特异性、一致性和稳定性测试指南　稗	
28	NY/T 2567—2014	植物新品种特异性、一致性和稳定性测试指南　荸荠	
29	NY/T 2568—2014	植物新品种特异性、一致性和稳定性测试指南　蓖麻	
30	NY/T 2569—2014	植物新品种特异性、一致性和稳定性测试指南　大麻	
31	NY/T 2570—2014	植物新品种特异性、一致性和稳定性测试指南　酸模属	
32	NY/T 2571—2014	植物新品种特异性、一致性和稳定性测试指南　小黑麦	
33	NY/T 2572—2014	植物新品种特异性、一致性和稳定性测试指南　薏苡	
34	NY/T 2573—2014	植物新品种特异性、一致性和稳定性测试指南　高羊茅　草地羊茅	
35	NY/T 2574—2014	植物新品种特异性、一致性和稳定性测试指南　菜薹	
36	NY/T 2575—2014	植物新品种特异性、一致性和稳定性测试指南　芦荟	
37	NY/T 2576—2014	植物新品种特异性、一致性和稳定性测试指南　报春花属欧报春	
38	NY/T 2577—2014	植物新品种特异性、一致性和稳定性测试指南　灯盏花	
39	NY/T 2578—2014	植物新品种特异性、一致性和稳定性测试指南　凤仙花	
40	NY/T 2579—2014	植物新品种特异性、一致性和稳定性测试指南　花毛茛	
41	NY/T 2580—2014	植物新品种特异性、一致性和稳定性测试指南　马蹄莲属	
42	NY/T 2581—2014	植物新品种特异性、一致性和稳定性测试指南　水仙属	
43	NY/T 2582—2014	植物新品种特异性、一致性和稳定性测试指南　丝石竹	

（续）

序号	标准号	标准名称	代替标准号
44	NY/T 2583—2014	植物新品种特异性、一致性和稳定性测试指南　铁线莲属	
45	NY/T 2584—2014	植物新品种特异性、一致性和稳定性测试指南　萱草属	
46	NY/T 2585—2014	植物新品种特异性、一致性和稳定性测试指南　薰衣草属	
47	NY/T 2586—2014	植物新品种特异性、一致性和稳定性测试指南　洋桔梗	
48	NY/T 2587—2014	植物新品种特异性、一致性和稳定性测试指南　无花果	
49	NY/T 2588—2014	植物新品种特异性、一致性和稳定性测试指南　黑木耳	
50	NY/T 2589—2014	植物新品种特异性、一致性和稳定性测试指南　柴胡与狭叶柴胡	
51	NY/T 2590—2014	植物新品种特异性、一致性和稳定性测试指南　穿心莲	
52	NY/T 2591—2014	植物新品种特异性、一致性和稳定性测试指南　何首乌	
53	NY/T 2592—2014	植物新品种特异性、一致性和稳定性测试指南　黄芪	
54	NY/T 2593—2014	植物新品种特异性、一致性和稳定性测试指南　天麻	
55	NY/T 2594—2014	植物品种鉴定　DNA 指纹方法　总则	
56	NY/T 2595—2014	大豆品种鉴定技术规程 SSR 分子标记法	
57	NY/T 2596—2014	沼肥	
58	NY/T 2597—2014	生活污水净化沼气池标准图集	
59	NY/T 2598—2014	沼气工程储气装置技术条件	
60	NY/T 2599—2014	规模化畜禽养殖场沼气工程验收规范	
61	NY/T 2600—2014	规模化畜禽养殖场沼气工程设备选型技术规范	
62	NY/T 2601—2014	生活污水净化沼气池施工规程	
63	NY/T 2602—2014	生活污水净化沼气池运行管理规程	
64	NY/T 2603—2014	大型藻类栽培工	
65	NY/T 2604—2014	啤酒花生产工	
66	NY/T 2605—2014	饲料配方师	
67	NY/T 2606—2014	果类产品加工工	
68	NY/T 2607—2014	水生高等植物栽培工	
69	NY/T 1220.6—2014	沼气工程技术规范　第 6 部分:安全使用	
70	NY/T 1496.4—2014	农村户用沼气输气系统　第 4 部分:设计与安装规范	
71	NY/T 90—2014	农村户用沼气发酵工艺规程	NY/T 90—1988
72	NY/T 120—2014	饲料用木薯干	NY/T 120—1989
73	NY/T 344—2014	户用沼气灯	NY/T 344—1998
74	NY/T 355—2014	荔枝　种苗	NY/T 355—1999
75	NY/T 358—2014	咖啡　种子种苗	NY/T 358—1999, NY/T 359—1999
76	NY/T 858—2014	户用沼气压力显示器	NY/T 858—2004
77	NY/T 859—2014	户用沼气脱硫器	NY/T 859—2004
78	NY/T 1116—2014	肥料　硝态氮、铵态氮、酰胺态氮含量的测定	NY/T 1116—2006
79	NY/T 1432—2014	玉米品种鉴定技术规程 SSR 标记法	NY/T 1432—2007
80	NY/T 1433—2014	水稻品种鉴定技术规程 SSR 标记法	NY/T 1433—2007
81	SC/T 1114—2014	大鲵	
82	SC/T 1117—2014	施氏鲟	
83	SC/T 1118—2014	广东鲂	
84	SC/T 1119—2014	乌鳢　亲鱼和苗种	
85	SC/T 1120—2014	奥利亚罗非鱼　苗种	
86	SC/T 2044—2014	卵形鲳鲹　亲鱼和苗种	
87	SC/T 2045—2014	许氏平鲉　亲鱼和苗种	
88	SC/T 2046—2014	石鲽　亲鱼和苗种	
89	SC/T 2057—2014	青蛤　亲贝和苗种	
90	SC/T 2058—2014	菲律宾蛤仔　亲贝和苗种	

（续）

序号	标准号	标准名称	代替标准号
91	SC/T 2059—2014	海蜇　苗种	
92	SC/T 2060—2014	花鲈　亲鱼和苗种	
93	SC/T 2061—2014	裙带菜　种藻和苗种	
94	SC/T 2062—2014	魁蚶　亲贝	
95	SC/T 2063—2014	条斑紫菜　种藻和苗种	
96	SC/T 2064—2014	坛紫菜　种藻和苗种	
97	SC/T 2065—2014	缢蛏	
98	SC/T 2066—2014	缢蛏　亲贝和苗种	
99	SC/T 2067—2014	许氏平鲉	
100	SC/T 2071—2014	马氏珠母贝	
101	SC/T 3043—2014	养殖水产品可追溯标签规程	
102	SC/T 3044—2014	养殖水产品可追溯编码规程	
103	SC/T 3045—2014	养殖水产品可追溯信息采集规程	
104	SC/T 3048—2014	鱼类鲜度指标K值的测定　高效液相色谱法	
105	SC/T 3122—2014	冻鱿鱼	
106	SC/T 3307—2014	冻干海参	
107	SC/T 3308—2014	即食海参	
108	SC/T 3702—2014	冷冻鱼糜	
109	SC/T 5701—2014	金鱼分级　狮头	
110	SC/T 5702—2014	金鱼分级　琉金	
111	SC/T 5703—2014	锦鲤分级　红白类	
112	SC/T 6079—2014	渔业行政执法船舶通信设备配备要求	
113	SC/T 7217—2014	刺激隐核虫病诊断规程	
114	SC/T 9412—2014	水产养殖环境中扑草净的测定　气相色谱法	
115	SC/T 9413—2014	水生生物增殖放流技术规范　大黄鱼	
116	SC/T 9414—2014	水生生物增殖放流技术规范　大鲵	
117	SC/T 9415—2014	水生生物增殖放流技术规范　三疣梭子蟹	
118	SC/T 9416—2014	人工鱼礁建设技术规范	
119	SC/T 2004—2014	皱纹盘鲍　亲鲍和苗种	SC/T 2004.1—2000，SC/T 2004.2—2000
120	SC/T 3215—2014	盐渍海参	SC/T 3215—2007
121	SC/T 5001—2014	渔具材料基本术语	SC/T 5001—1995
122	SC/T 5005—2014	渔用聚乙烯单丝	SC/T 5005—1988
123	SC/T 5006—2014	聚酰胺网线	SC/T 5006—1983
124	SC/T 5011—2014	聚酰胺绳	SC/T 5011—1988
125	SC/T 5031—2014	聚乙烯网片　绞捻型	SC/T 5031—2006

中华人民共和国农业部公告
第 2086 号

根据《中华人民共和国兽药管理条例》和《中华人民共和国饲料和饲料添加剂管理条例》规定，《饲料中左炔诺孕酮的测定　高效液相色谱法》等 7 项标准业经专家审定通过，我部审查批准，现发布为中华人民共和国国家标准，自 2014 年 7 月 1 日起实施。

特此公告。

附件：《饲料中左炔诺孕酮的测定　高效液相色谱法》等 7 项国家标准目录

农业部
2014 年 4 月 1 日

附件：

《饲料中左炔诺孕酮的测定 高效液相色谱法》等7项国家标准目录

序号	标准名称	标准代号
1	饲料中左炔诺孕酮的测定 高效液相色谱法	农业部2086号公告—1—2014
2	饲料中醋酸氯地孕酮的测定 高效液相色谱法	农业部2086号公告—2—2014
3	饲料中匹莫林的测定 高效液相色谱法	农业部2086号公告—3—2014
4	饲料中氟喹诺酮类药物的测定 液相色谱—串联质谱法	农业部2086号公告—4—2014
5	饲料中卡巴氧、乙酰甲喹、喹烯酮和喹乙醇的测定 液相色谱—串联质谱法	农业部2086号公告—5—2014
6	饲料中硫酸黏杆菌素的测定 液相色谱—串联质谱法	农业部2086号公告—6—2014
7	饲料中大观霉素的测定	农业部2086号公告—7—2014

中华人民共和国农业部公告
第 2122 号

根据《中华人民共和国农业转基因生物安全管理条例》规定,《转基因动物及其产品成分检测　猪内标准基因定性 PCR 方法》等 16 项标准业经专家审定通过,现批准发布为中华人民共和国国家标准,自 2014 年 8 月 1 日起实施。

特此公告。

附件:《转基因动物及其产品成分检测　猪内标准基因定性 PCR 方法》等 16 项农业国家标准目录

农业部

2014 年 7 月 7 日

附件：

《转基因动物及其产品成分检测　猪内标准基因定性 PCR 方法》等 16 项农业国家标准目录

序号	标准名称	标准代号	代替标准号
1	转基因动物及其产品成分检测　猪内标准基因定性 PCR 方法	农业部 2122 号公告—1—2014	
2	转基因动物及其产品成分检测　羊内标准基因定性 PCR 方法	农业部 2122 号公告—2—2014	
3	转基因植物及其产品成分检测　报告基因 GUS、GFP 定性 PCR 方法	农业部 2122 号公告—3—2014	
4	转基因植物及其产品成分检测　耐除草剂和品质改良大豆 MON87705 及其衍生品种定性 PCR 方法	农业部 2122 号公告—4—2014	
5	转基因植物及其产品成分检测　品质改良大豆 MON87769 及其衍生品种定性 PCR 方法	农业部 2122 号公告—5—2014	
6	转基因植物及其产品成分检测　耐除草剂苜蓿 J163 及其衍生品种定性 PCR 方法	农业部 2122 号公告—6—2014	
7	转基因植物及其产品成分检测　耐除草剂苜蓿 J101 及其衍生品种定性 PCR 方法	农业部 2122 号公告—7—2014	
8	转基因植物及其产品成分检测　抗虫水稻 TT51-1 及其衍生品种定量 PCR 方法	农业部 2122 号公告—8—2014	
9	转基因植物及其产品成分检测　耐除草剂玉米 DAS-40278-9 及其衍生品种定性 PCR 方法	农业部 2122 号公告—9—2014	
10	转基因植物及其产品环境安全检测　耐旱玉米　第 1 部分：干旱耐受性	农业部 2122 号公告—10.1—2014	
11	转基因植物及其产品环境安全检测　耐旱玉米　第 2 部分：生存竞争能力	农业部 2122 号公告—10.2—2014	
12	转基因植物及其产品环境安全检测　耐旱玉米　第 3 部分：外源基因漂移	农业部 2122 号公告—10.3—2014	
13	转基因植物及其产品环境安全检测　耐旱玉米　第 4 部分：生物多样性影响	农业部 2122 号公告—10.4—2014	
14	转基因植物及其产品环境安全检测　抗虫和耐除草剂玉米 Bt11 及其衍生品种定性 PCR 方法	农业部 2122 号公告—14—2014	农业部 869 号公告—3—2007
15	转基因植物及其产品成分检测　抗虫和耐除草剂玉米 Bt176 及其衍生品种定性 PCR 方法	农业部 2122 号公告—15—2014	农业部 869 号公告—8—2007
16	转基因环境安全物及其产品成分检测　抗虫玉米 MON810 及其衍生品种定性 PCR 方法	农业部 2122 号公告—16—2014	农业部 869 号公告—9—2007

中华人民共和国农业部公告
第 2166 号

《联合收获机械　安全标志》等 101 项标准业经专家审定通过，现批准发布为中华人民共和国农业行业标准，自 2015 年 1 月 1 日起实施。

特此公告。

附件：《联合收获机械　安全标志》等 101 项农业行业标准目标

农业部

2014 年 10 月 17 日

附件：

《联合收获机械　安全标志》等 101 项农业行业标准目录

序号	标准号	标准名称	代替标准号
1	NY 2608—2014	联合收获机械　安全标志	
2	NY 2609—2014	拖拉机　安全操作规程	
3	NY 2610—2014	谷物联合收割机　安全操作规程	
4	NY/T 2611—2014	后悬挂农机具与农业轮式拖拉机配套要求	
5	NY/T 2612—2014	农业机械机身反光标识	
6	NY/T 2613—2014	农业机械可靠性评价通则	
7	NY/T 2614—2014	采茶机　作业质量	
8	NY/T 2615—2014	玉米剥皮机　质量评价技术规范	
9	NY/T 2616—2014	水果清洗打蜡机　质量评价技术规范	
10	NY/T 2617—2014	水果分级机　质量评价技术规范	
11	NY/T 2618—2014	农业机械传动变速箱　修理质量	
12	NY 2619—2014	瓜菜作物种子　豆类(菜豆、长豇豆、豌豆)	
13	NY 2620—2014	瓜菜作物种子　萝卜和胡萝卜	
14	NY/T 2621—2014	玉米粗缩病测报技术规范	
15	NY/T 2622—2014	灰飞虱抗药性监测技术规范	
16	NY/T 2623—2014	灌溉施肥技术规范	
17	NY/T 2624—2014	水肥一体化技术规范　总则	
18	NY/T 2625—2014	节水农业技术规范　总则	
19	NY/T 2626—2014	补充耕地质量评定技术规范	
20	NY/T 2627—2014	标准果园建设规范　柑橘	
21	NY/T 2628—2014	标准果园建设规范　梨	
22	NY/T 2629—2014	扶桑绵粉蚧监测规范	
23	NY/T 2630—2014	黄瓜绿斑驳花叶病毒病防控技术规程	
24	NY/T 2631—2014	南方水稻黑条矮缩病测报技术规范	
25	NY/T 2632—2014	玉米—大豆带状复合种植技术规程	
26	NY/T 2633—2014	长江流域棉花轻简化栽培技术规程	
27	NY/T 2634—2014	棉花品种真实性鉴定　SSR 分子标记法	
28	NY/T 2635—2014	苎麻纤维拉伸断裂强度试验方法	
29	NY/T 2636—2014	温带水果分类和编码	
30	NY/T 2637—2014	水果和蔬菜可溶性固形物含量的测定　折射仪法	
31	NY/T 2638—2014	稻米及制品中抗性淀粉的测定　分光光度法	
32	NY/T 2639—2014	稻米直链淀粉的测定　分光光度法	
33	NY/T 2640—2014	植物源性食品中花青素的测定　高效液相色谱法	
34	NY/T 2641—2014	植物源性食品中白藜芦醇和白藜芦醇苷的测定　高效液相色谱法	
35	NY/T 2642—2014	甘薯等级规格	
36	NY/T 2643—2014	大蒜及制品中蒜素的测定高效液相色谱法	
37	NY/T 2644—2014	普通小麦冬春性鉴定技术规程	
38	NY/T 2645—2014	农作物品种试验技术规程　高粱	
39	NY/T 2646—2014	水稻品种试验稻瘟病抗性鉴定与评价　技术规程	
40	NY/T 2647—2014	剑麻加工机械　手喂式刮麻机　质量评价技术规范	
41	NY/T 2648—2014	剑麻纤维加工技术规程	
42	NY/T 2649—2014	蜂王幼虫和蜂王幼虫冻干粉	
43	NY/T 2650—2014	泡椒类食品辐照杀菌技术规范	
44	NY/T 2651—2014	香辛料辐照质量控制技术规范	

（续）

序号	标准号	标准名称	代替标准号
45	NY/T 2652—2014	农产品中^{137}Cs的测定　无源效率刻度γ能谱分析法	
46	NY/T 2653—2014	骨素加工技术规范	
47	NY/T 2654—2014	软罐头电子束辐照加工工艺规范	
48	NY/T 2655—2014	加工用宽皮柑橘	
49	NY/T 2656—2014	饲料中罗丹明B和罗丹明6G的测定　高效液相色谱法	
50	NY/T 2657—2014	草种质资源繁殖更新技术规程	
51	NY/T 2658—2014	草种质资源描述规范	
52	NY/T 2659—2014	牛乳脂肪、蛋白质、乳糖、总固体的快速测定　红外光谱法	
53	NY/T 2660—2014	肉牛生产性能测定技术规范	
54	NY/T 2661—2014	标准化养殖场　生猪	
55	NY/T 2662—2014	标准化养殖场　奶牛	
56	NY/T 2663—2014	标准化养殖场　肉牛	
57	NY/T 2664—2014	标准化养殖场　蛋鸡	
58	NY/T 2665—2014	标准化养殖场　肉羊	
59	NY/T 2666—2014	标准化养殖场　肉鸡	
60	NY/T 2667.1—2014	热带作物品种审定规范　第1部分：橡胶树	
61	NY/T 2667.2—2014	热带作物品种审定规范　第2部分：香蕉	
62	NY/T 2667.3—2014	热带作物品种审定规范　第3部分：荔枝	
63	NY/T 2667.4—2014	热带作物品种审定规范　第4部分：龙眼	
64	NY/T 2668.1—2014	热带作物品种试验技术规程　第1部分：橡胶树	
65	NY/T 2668.2—2014	热带作物品种试验技术规程　第2部分：香蕉	
66	NY/T 2668.3—2014	热带作物品种试验技术规程　第3部分：荔枝	
67	NY/T 2668.4—2014	热带作物品种试验技术规程　第4部分：龙眼	
68	NY/T 2669—2014	热带作物品种审定规范　木薯	
69	NY/T 1151.5—2014	农药登记用卫生杀虫剂室内药效试验及评价　第5部分：蚊幼防治剂	
70	NY/T 1464.51—2014	农药田间药效试验准则　第51部分：杀虫剂防治柑橘树蚜虫	
71	NY/T 1464.52—2014	农药田间药效试验准则　第52部分：杀虫剂防治枣树盲蝽	
72	NY/T 1464.53—2014	农药田间药效试验准则　第53部分：杀虫剂防治十字花科蔬菜根肿病	
73	NY/T 1464.54—2014	农药田间药效试验准则　第54部分：杀虫剂防治水稻稻曲病	
74	NY/T 1464.55—2014	农药田间药效试验准则　第55部分：除草剂防治姜田杂草	
75	NY/T 1859.5—2014	农药抗性风险评估　第5部分：十字花科蔬菜小菜蛾抗药性风险评估	
76	NY/T 1859.6—2014	农药抗性风险评估　第6部分：灰霉病菌抗药性风险评估	
77	NY/T 1859.7—2014	农药抗性风险评估　第7部分：抑制乙酰辅酶A羧化酶除草剂抗性风险评估	
78	NY/T 2063.3—2014	天敌昆虫室内饲养方法准则　第3部分：丽蚜小蜂室内饲养方法	
79	NY/T 274—2014	绿色食品　葡萄酒	NY/T 274—2004
80	NY/T 418—2014	绿色食品　玉米及玉米粉	NY/T 418—2007
81	NY/T 419—2014	绿色食品　稻米	NY/T 419—2007
82	NY/T 432—2014	绿色食品　白酒	NY/T 432—2000
83	NY/T 433—2014	绿色食品　植物蛋白饮料	NY/T 433—2000
84	NY/T 891—2014	绿色食品　大麦及大麦粉	NY/T 891—2004
85	NY/T 892—2014	绿色食品　燕麦及燕麦粉	NY/T 892—2004
86	NY/T 893—2014	绿色食品　粟米及粟米粉	NY/T 893—2004
87	NY/T 894—2014	绿色食品　荞麦及荞麦粉	NY/T 894—2004
88	NY/T 1039—2014	绿色食品　淀粉及淀粉制品	NY/T 1039—2006

（续）

序号	标准号	标准名称	代替标准号
89	NY/T 1042—2014	绿色食品　坚果	NY/T 1042—2006
90	NY/T 1045—2014	绿色食品　脱水蔬菜	NY/T 1045—2006
91	NY/T 1047—2014	绿色食品　水果、蔬菜罐头	NY/T 1047—2006
92	NY/T 1051—2014	绿色食品　枸杞及枸杞制品	NY/T 1051—2006
93	NY/T 1052—2014	绿色食品　豆制品	NY/T 1052—2006
94	NY/T 1512—2014	绿色食品　生面食、米粉制	NY/T 1512—2007
95	NY 643—2014	农用水泵安全技术要求	NY 643—2002
96	NY/T 233—2014	龙舌兰麻纤维及制品　术语	NY/T 233—1994
97	NY/T 339—2014	天然橡胶初加工机械　手摇压片机	NY/T 339—1998
98	NY/T 1402.1—2014	天然生胶　蓖麻油含量的测定　第1部分：蓖麻油甘油酯含量的测定　薄层色谱法	NY/T 1402.1—2007
99	NY/T 1121.7—2014	土壤检测　第7部分：土壤有效磷的测定	NY/T 1121.7—2006
100	NY/T 2058—2014	水稻二化螟抗药性监测技术规程	NY/T 2058—2011
101	NY/T 1299—2014	农作物品种试验技术规程　大豆	NY/T 1299—2007

图书在版编目（CIP）数据

最新中国农业行业标准．第11辑．畜物兽医分册/农业标准编辑部编．—北京：中国农业出版社，2015.12

（中国农业标准经典收藏系列）

ISBN 978-7-109-21206-0

Ⅰ.①最… Ⅱ.①农… Ⅲ.①农业—行业标准—汇编—中国②畜牧业—行业标准—汇编—中国③兽医—行业标准—汇编—中国 Ⅳ.①S-65

中国版本图书馆CIP数据核字（2015）第288369号

中国农业出版社出版

（北京市朝阳区麦子店街18号楼）

（邮政编码 100125）

责任编辑 刘 伟 杨晓改

北京通州皇家印刷厂印刷 新华书店北京发行所发行

2016年1月第1版 2016年1月北京第1次印刷

开本：880mm×1230mm 1/16 印张：11.25

字数：300千字

定价：100.00元